● 摄入优质蛋白质是长高的关键 ●

让孩子长高的肉！肉！肉！

［韩］徐慧源◎著
邢青青◎译

牛肉 beef  猪肉 pork  鸡肉 chicken  羊肉 lamb  鸭肉 duck 

北京科学技术出版社

著作权合同登记号　图字：01-2021-3309

图书在版编目（CIP）数据

让孩子长高的肉！肉！肉！/（韩）徐慧源著；邢青青译．—北京：北京科学技术出版社，2021.8
ISBN 978-7-5714-1612-6

Ⅰ．①让…　Ⅱ．①徐…②邢…　Ⅲ．①儿童—保健—食谱　Ⅳ．①TS972.162

中国版本图书馆CIP数据核字（2021）第110347号

策划编辑：崔晓燕
责任编辑：吴佳慧
图文制作：天露霖文化
责任印制：张　良
出 版 人：曾庆宇
出版发行：北京科学技术出版社
社　　址：北京西直门南大街16号
邮政编码：100035
电　　话：0086-10-66135495（总编室）
　　　　　0086-10-66113227（发行部）
网　　址：www.bkydw.cn
印　　刷：北京宝隆世纪印刷有限公司
开　　本：720 mm × 1000 mm　1/16
字　　数：181千字
印　　张：11.5
版　　次：2021年8月第1版
印　　次：2021年8月第1次印刷
ISBN 978-7-5714-1612-6

定　　价：69.00元

让孩子长高的肉类——优质蛋白质的来源

我在北京市营养源研究所工作了32年，最近北京科学技术出版社要出版一本“能让孩子长高”的书，因为涉及营养学知识，所以请我看看。

本书的作者徐慧源女士是韩国梨花女子大学食品营养学硕士，因热爱厨艺，曾在法国蓝带厨艺学院学习法餐烹饪，还曾赴意大利、泰国、西班牙、印度尼西亚等国学习当地特色美食烹饪。她还是韩国传统烹饪与风味研究会（Institute of Traditional Culinary Arts and Flavors of Korea）的成员，曾学习韩国传统烹饪。

她知道，要想让孩子长高，就要保证孩子每天摄入优质蛋白质，而饮食中的肉是人体蛋白质的重要来源。所以，她在儿科医生的指导下，运用自身的专业知识和特长，精心设计了本书中的肉类菜肴。作为忙碌的上班族，为了给孩子又快又好地做出可口的饭菜，她总结出了一些肉类烹饪知识。作为同行，我向徐慧源女士致敬，向睿智的母亲致敬！

影响孩子身高的因素有遗传因素、营养状况、运动情况、睡眠质量、心理状态、生活环境等，但孩子的营养状况是其中最重要的因素。蛋白质是构成人体组织、器官的重要成分，也是构成人体内多种生理活性物质（酶、抗体、激素、载体等）以及维持人体内的渗透压和酸碱平衡的基础物质。肉类、蛋类和奶类是优质蛋白质的重要来源，其中肉类中的必需氨基酸种类齐全、含量较高、比例适当，有助于孩子健康成长。

根据《中国居民膳食指南》，未成年人的蛋白质推荐摄入量如下：

3~5岁: 30克/天

6岁: 35克/天

7~8岁: 40克/天

9岁: 45克/天

10岁: 50克/天

11~13岁: 55（女）~60（男）克/天

14~17岁: 60（女）~75（男）克/天

根据世界卫生组织的建议，蛋白质的每日摄入量不宜超过推荐摄入量的2倍。

新鲜肉类（包括禽肉、畜肉和鱼肉）含蛋白质15%~22%，蛋类含蛋白质11%~14%，奶类（牛奶）含蛋白质3%~3.5%。3~17岁的孩子所需的优质蛋白质应该主要是动物蛋白，最好占50%以上。例如，可以每天让孩子食用瘦肉（50克，约含10克蛋白质）、鸡蛋（1个，约50克，约含6.5克蛋白质）、牛奶（250毫升，约含7.5克蛋白质）、酸奶（100毫升，约含3克蛋白质）等动物性食物，以及豆类、谷类等富含植物蛋白的植物性食物。

本书介绍了肉类的营养价值、选购标准、处理和储存的方法，以及各种肉类菜肴的烹饪方法，内容齐全。希望忙碌的妈妈们可以用省时、省力、省钱的方法做出连挑食的孩子都吃得津津有味的丰盛菜肴！

中国营养学会常务理事
北京食品学会名誉理事长　李　东
北京营养师协会副理事长

STAUB
STAUB

前 言

“妈妈，我们今天吃什么？”
“能让宝贝长高的肉啊！”

我的第一个孩子出生时非常健康。但他自七八个月起，一直到三四岁，身高在同龄孩子里都处于中等水平，这不符合我对他的期待。他一直很挑食，为了哄他多吃一点儿，我绞尽脑汁。后来我带他去看儿科医生。医生说要保证孩子每天都吃到肉，并且肉类食用充足与否将直接影响成长期孩子的骨骼生长情况。自那天起，肉类菜肴成为我为孩子准备的一日三餐的重要组成部分。

我在生完第一个孩子后重返校园，继续攻读营养学。我惊喜地发现，抽象的营养学知识竟然与孩子的成长联系紧密。蛋白质对促进孩子成长发育、增强体力和免疫力具有重要作用，而肉类中蛋白质的含量非常高。与能在人体中储存的脂肪和碳水化合物不同的是，蛋白质无法储存，因此我们每天都要摄入蛋白质。氨基酸是构成蛋白质的基本单位，人体所需的一些氨基酸只有通过饮食才能获得。赖氨酸就是这些氨基酸中的一种，它既能促进钙的吸收，有助于孩子的生长发育，又能促进人体产生抗体和激素，从而提高孩子的免疫力。但是赖氨酸主要存在于肉类中，以谷物为主食的东方人很容易缺乏赖氨酸，这也是我强调成长期的孩子要多吃肉的原因。

每天给孩子做肉类菜肴不是一件容易的事。一开始我给孩子做一些烤肉、酱肉等，勉强能满足孩子的需求。但自从上班后，我开始思考如何更快速地做出适合孩子吃的肉类菜肴。慢慢地，我摸索出了一个好办法，那就是先做一些基础菜肴，然后在基础菜肴的基础上做出色香味俱全的升级菜肴。

我写这本书的初衷是希望全天下所有的妈妈都不再为如何哄孩子吃肉而发愁。考虑到大人也得吃饭，我还提供了一些适合一家人围坐在一起享用的菜肴。同时，为了解决孩子挑食的问题，我还在肉类菜肴中使用了一些蔬菜。希望本书能为妈妈们提供帮助。

徐慧源

目 录

肉类烹饪基础

第一部分 牛肉类菜肴

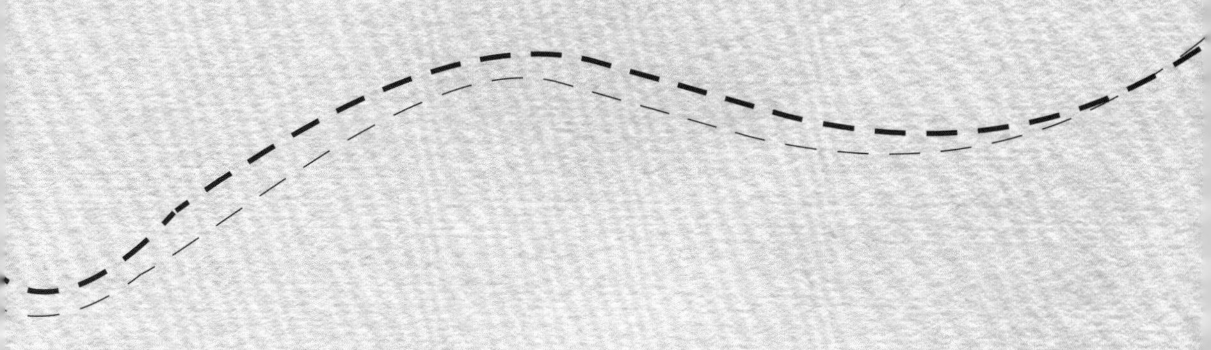

猪肉类菜肴

第三部分 鸡肉类菜肴

第四部分 羊肉和鸭肉类菜肴

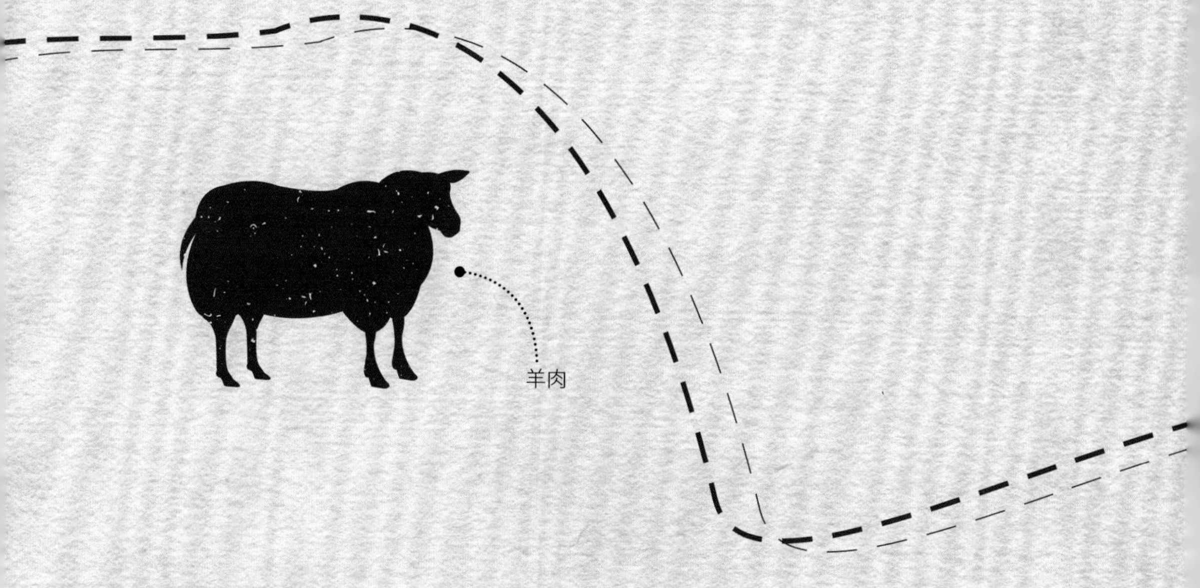

肉类烹饪基础

如果孩子早上一睁眼就嚷嚷着要吃肉，那要给他做什么肉吃呢？如果孩子一听到“肉”字就摇头，那么如何才能让孩子吃肉呢？饮食中的肉是人体蛋白质的重要来源，对处于成长期的孩子来说，肉是必需的食物，所以我们应该每天都为孩子准备营养丰富的肉类菜肴。

基础知识 1

肉类知识问答

一定要通过吃肉来摄入蛋白质吗？

是的。碳水化合物、脂肪和蛋白质是人体所需的三大主要营养素。蛋白质是成长期儿童的肌肉、骨骼和皮肤生长的必需营养素。组成蛋白质的氨基酸分为必需氨基酸和非必需氨基酸。人体自身能合成非必需氨基酸，而必需氨基酸只能从食物中获取。肉类、鱼类、坚果、香菇、鸡蛋、牛奶、大豆等食物都含有多种必需氨基酸。肉类是必需氨基酸含量最高的食物。肉类由水、蛋白质、脂肪、碳水化合物等组成，其中水约占 70%，蛋白质约占 20%，脂肪和其他成分约占 10%。

食物中蛋白质的含量

食物（100 g）	蛋白质含量
牛瘦肉	18.62 g
鸡瘦肉	24.0 g
猪瘦肉	19.78 g
鸡蛋	12.44 g
干扁豆	21.02 g
豆腐	9.62 g
牛奶	3.08 g
干核桃仁	15.47 g

参考《韩国食物成分表（标准版）第 9 版》

每天应该摄入多少蛋白质？

每天应摄入适量蛋白质。蛋白质摄入不足会导致贫血和生长迟缓，还会影响抗体的生成，从而导致身体免疫力低下。相反，蛋白质摄入过多会加速人体内钙的流失，还会诱发高血脂、糖尿病、高血压等。因此，维持蛋白质和其他各种营养素的摄入量均衡尤为重要。营养学家表示，在食用肉类的同时，也要食用富含纤维素的蔬菜，这样才能减少体内有毒物质的生成。建议根据体重来确定每天蛋白质的摄入量，每千克体重每天应摄入 1.0~1.5 g 蛋白质。

各年龄段每日蛋白质参考摄入量

年龄	男性	女性
3~5 岁	20 g	20 g
6~8 岁	30 g	25 g
9~11 岁	40 g	40 g
12~14 岁	55 g	50 g
15~18 岁	65 g	50 g
19~29 岁	65 g	55 g
30~49 岁	60 g	50 g
50~65 岁	60 g	50 g
66 岁及以上	55 g	45 g

参考韩国国立农业科学研究院发布的《韩国居民营养素参考摄入量》

不同肉类的保质期不同吗？

不同肉类的保质期不同。购买肉类后，应将不立刻食用的肉类立即放入冰箱冷冻保存。即使只在冰箱里冷藏几天，肉类也会变色。肉类的保质期因卫生条件和保存状况而有所不同。真空冷藏的话，可以保存 45 天；真空冷冻的话，可以保存 1 年。但一般家庭很难将购买的肉类 100% 真空密封，因此应尽快食用。保存的关键是撕掉包装袋，用厨房纸巾擦去肉类表面的水后将其密封。

牛肉、猪肉和鸡肉的最佳保存温度与保质期

	牛肉	猪肉	鸡肉
冷藏温度	4 ℃	4 ℃	3~7 ℃
冷藏保质期	3~5 天	2 天	1~2 天
冷冻温度	−18~−12 ℃	−18~−12 ℃	−18~−12 ℃
冷冻保质期	3 个月	15~30 天	6 个月

数据来源：韩国国立畜产科学院

为什么本国产的牛肉味道更好？

进口肉类在入关时大多处于冷冻状态，自然解冻后才进入市场。在这一过程中，肉中的水分容易流失，导致肉质变硬。因此，不用经过冷冻和解冻就进入市场的本国产的肉类更好吃。在韩国，拥有大理石纹、肥瘦相间且脂肪含量高的牛肉最受欢迎。各国居民饮食习惯不同，制定的牛肉质量等级划分标准也不同。

不同国家的牛肉质量等级划分标准

国家	牛肉等级 / 脂肪含量				
韩国	1++	1+	1	2	3
	17%~19%	13%~17%	9%~11%	5%~7%	不到 5%
日本	5 级	4 级	3 级	2 级	1 级
	22.5%~31.7%	15.6%~20.2%	11%~13.3%	8.8%	6.5%
美国	特优级	特选级	优选级	标准级	
	8.6%~10.4%	5.0%~7.3%	3.4%	1.8%~2.5%	

数据来源：韩国

基础知识 2

牛肉、猪肉、鸡肉的选购标准和基本腌制方法

牛肉

选购标准

色泽　如果瘦肉部分呈鲜红色、有光泽，且脂肪呈乳白色，则表明牛肉是新鲜的。如果脂肪呈黄色，且松软、不坚实，则表明脂肪已经氧化，这样的牛肉不宜选购。密封包装的牛肉可能呈黑红色，不必担心，这不代表它不新鲜，牛肉再次接触氧气约 30 分钟后，颜色就会重新变鲜红。

脂肪纹理或弹性　牛肉的脂肪纹理通常均匀分布，但因部位不同，脂肪纹理分布情况存在差异。如果牛肉的口感又硬又柴，则你很有可能选购的是老牛的肉。

基本腌制方法

原料　牛肉 200 g，梨汁 1 汤匙*，生抽 ½ 汤匙，黑胡椒粉少许

做法　将梨汁、生抽和黑胡椒粉混合均匀，放入牛肉腌 20 分钟即可。腌过的牛肉味道更可口，可搭配其他食材烹饪。

* 本书中，1 汤匙 =15 ml，1 茶匙 =5 ml，1 杯 =200 ml。——编者注

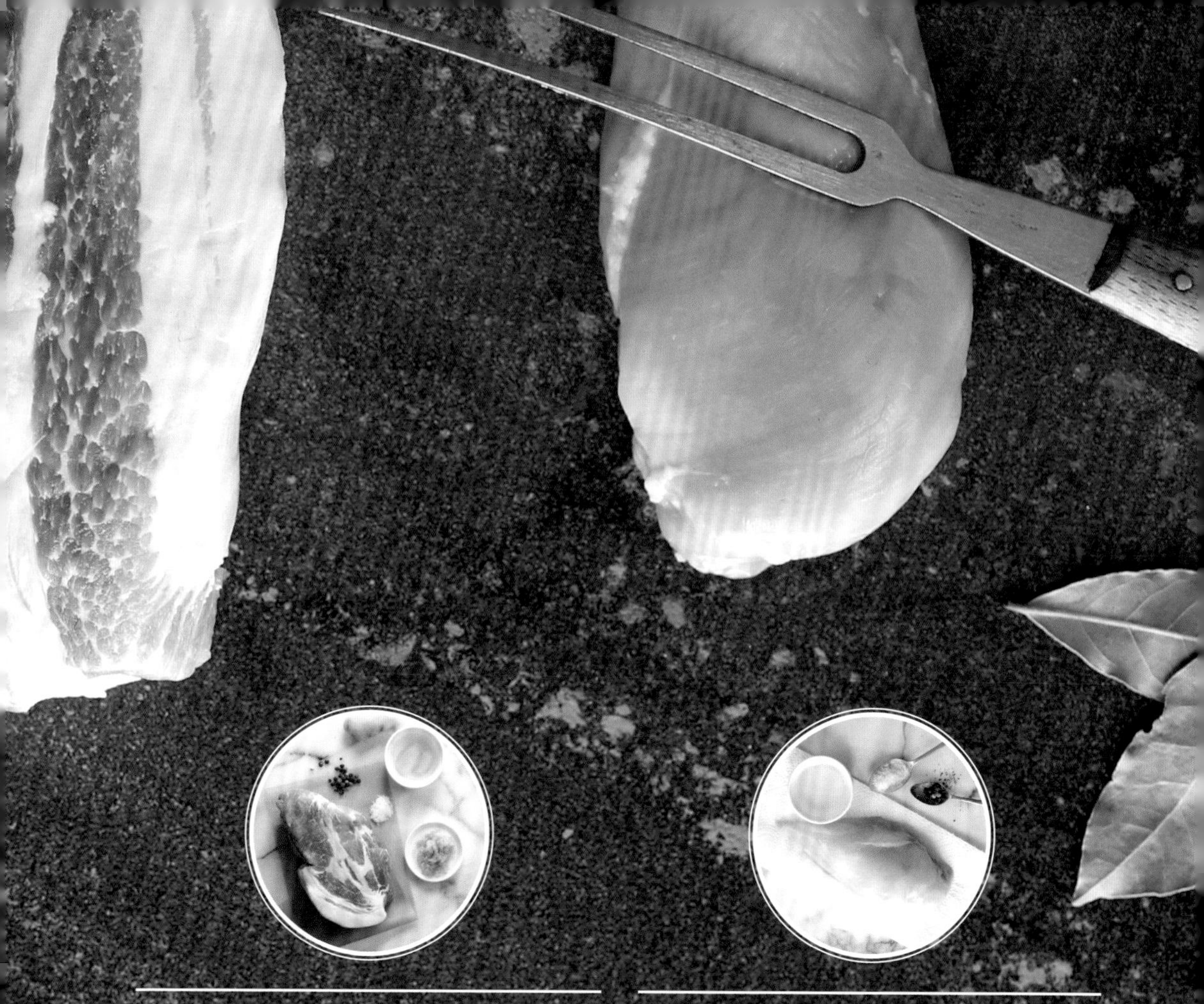

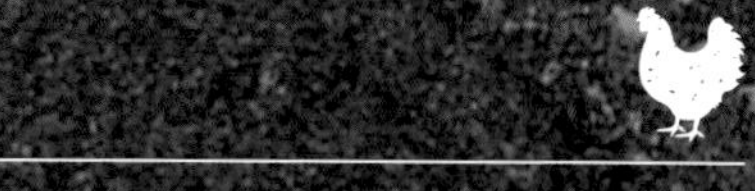

猪肉

选购标准

色泽　如果瘦肉部分呈鲜红色，且脂肪呈白色，则表明猪肉是新鲜的。如果瘦肉部分呈暗红色，猪肉的口感则可能较硬。

脂肪纹理或弹性　如果脂肪呈黄色且质地松软，则表明猪肉不新鲜，不宜选购。如果脂肪呈白色且质地坚实，则表明猪肉是新鲜的，这样的猪肉有弹性，口感较好。

基本腌制方法

原料　猪肉 200 g，姜酒（或姜汁）1 汤匙，盐 ½ 茶匙，黑胡椒粉少许

做法　与其他肉类相比，猪肉的腥气更重，可用姜去腥。将姜酒（或姜汁）、盐和黑胡椒粉混合均匀，放入猪肉腌 20 分钟即可。

鸡肉

选购标准

色泽　建议选购鸡皮呈乳白色且富有光泽的鸡肉。如果鸡皮颜色暗淡或泛白，则表明鸡肉储存时间较长，不新鲜。如果鸡脖、鸡腿、鸡翅等部位的斩断处呈鲜红色，则表明它们是新鲜的。冷冻过的鸡经过烹饪，骨头会发黑。

脂肪纹理或弹性　建议选购鸡皮表面毛囊突出的鸡肉。如果鸡皮没有弹性且褶皱较多，则表明鸡肉不新鲜。

基本腌制方法

原料　鸡肉 200 g，料酒 1 茶匙，盐 ½ 茶匙，黑胡椒粉少许

做法　将料酒、盐和黑胡椒粉混合均匀，放入鸡肉腌 20 分钟即可。烹饪时加入料酒也能达到去腥的效果。

基础知识 3

冷藏、冷冻和解冻的方法

冷藏

预处理 冷藏前，用厨房纸巾轻轻擦干肉表面的血水。如果血水较多，则用厨房纸巾将肉裹起来。

保存方法 购买肉类后，不能将非真空包装的肉直接放入冰箱冷藏，这样肉会接触空气，迅速氧化，所以必须先将肉从非真空包装袋中取出，经过预处理后进行真空包装，再放入冰箱冷藏。

设定温度 牛肉、猪肉的最佳冷藏温度是 4 ℃，鸡肉的最佳冷藏温度是 3~7 ℃。

延长冷藏保质期的小妙招

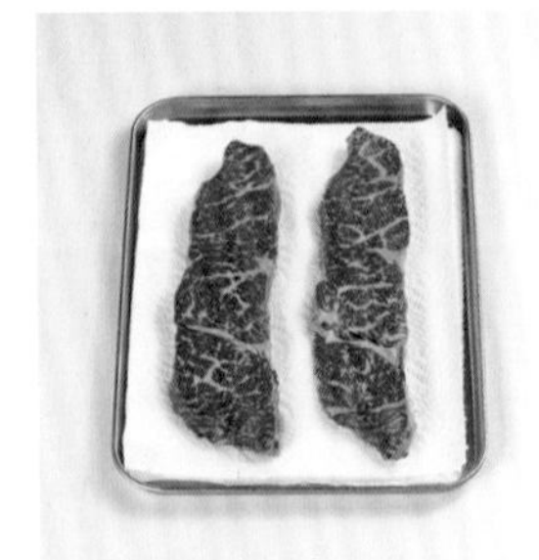

1. 擦干肉表面的血水

用厨房纸巾擦干肉表面的血水，如果血水较多，则用厨房纸巾将肉裹起来。

2. 腌制以防脂肪氧化

腌过的肉保质期比鲜肉的长，因为盐或酒精等能够抑制细菌繁殖。尤其是处理待烤的肉时，在肉表面涂抹少许植物油后密封保存，可有效延缓脂肪氧化。

3. 用保鲜膜或真空包装袋将肉密封后保存

先用保鲜膜或真空包装袋将肉密封以隔绝空气，再放在保鲜盒中，然后放入冰箱冷藏。真空保存效果更好。

冷冻

预处理　如果想延长肉的保质期，买回家后应立即将其冷冻。在冷冻过程中，筋膜和肉皮的组织结构会被冰晶破坏，解冻后汁液流失，筋膜和肉皮会变硬，不易切割，因此应在冷冻前将它们去除。冷冻前，最好将肉放在冰水中浸泡一小会儿，然后取出，擦干肉表面的水，用真空包装袋密封后保存。这样做可以使肉表层收缩，防止冷冻过的肉在解冻后因水分流失而失去细嫩的口感。

保存方法　即使冷冻保存，肉也会变质。肉在冷冻过程中，细胞内的水形成的冰晶会刺破细胞膜并破坏周围的肌肉组织，导致解冻后汁液流失，口感变差。解决这一问题的方法就是快速冷冻。但是家用冰箱的冷冻室无法达到理想的冷冻速度，所以可以先将肉放在金属托盘上，再放入冰箱冷冻。因为金属托盘导热性能良好，可加快冷冻速度。

设定温度　应将冰箱冷冻室的温度设置为 −18~−12 ℃。

冷冻不同形状的肉的小妙招

肉糜　将肉糜分成小份，分装在保鲜盒中，盖好盖子后冷冻，以便烹饪时取出。

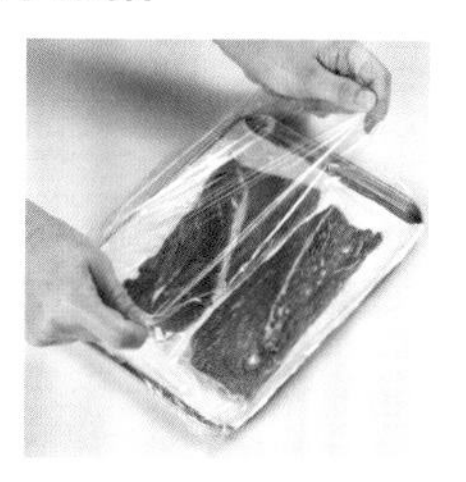

薄肉片　用油纸或保鲜膜将每片肉分别包好，这样做既可以防止肉片冷冻成团，又便于烹饪时取出。

小肉块　熬汤用的小肉块要密封后冷冻保存。将肉横切成小块，使肉的纤维变短，这样烹饪时肉不易收缩。

大肉块　用保鲜膜裹紧后冷冻保存。在表面涂抹一些植物油可以防止因氧化引发的变质。

解冻

冷藏解冻　将冷冻过的肉放在冰箱冷藏室里解冻是最安全、最合适的办法。在室温下解冻会加速细菌繁殖，因此即使所需的时间较长，也最好将肉放在冰箱冷藏室里解冻。冷藏解冻通常需要 6~8 小时。

流水解冻　将装在密封袋中的肉放在流动的水中解冻。也可以用温水解冻，如果温水变凉，可以中途换几次水，但不要用热水解冻。流水解冻通常需要 30 分钟左右。

微波解冻　如果需要快速将肉解冻，可以使用微波炉。使用普通加热模式只能使肉的表层解冻，所以应使用解冻模式。在解冻的中途多次将肉翻面，能使肉更加均匀地解冻。

基础知识 4

去除肉腥气的方法

可以用牛奶或调料去除肉腥气。

牛奶　将鸡肉浸泡在牛奶中能减少鸡肉的腥气。牛奶也可用于去除动物内脏的腥气。

大蒜　可用于去除肉腥气。与蒜片相比，蒜末的蒜味更重。

迷迭香　常用作烧烤的香料，适合用来烹饪牛肉或羊肉类菜肴。

月桂叶　炖煮肉类时加入月桂叶可去除肉腥气。

八角　八角具有浓郁的香气，能去除肉腥气，主要用于做中餐，尤其是以猪肉为主要食材的菜肴。

黑胡椒　既可以使用黑胡椒粒，也可以使用黑胡椒粉，不过烤肉时最好使用黑胡椒粒。

姜酒　生姜与酒精能锁住肉的鲜味。尤其是在烹饪猪肉或鸡肉类菜肴时，姜酒不仅能去腥，生姜特有的味道还能为菜肴增添一番风味。

洋葱　洋葱在去腥的同时，还具有明显的软化肉质的作用，适用于烹饪比较坚韧的肉。将洋葱汁拌入肉馅，可以使肉馅带有甜味，从而减少糖的用量。

基础知识 5

根据烹饪方法选择厨具的方法

炒、烤、炖、凉拌：平底锅

适合炒菜、煎薄肉片和做酱料。

使用小贴士　烹饪结束后，可以不洗锅，仅用厨房纸巾将锅内壁擦干净；也可以用清洁海绵蘸着洗洁精轻轻擦拭锅内壁，具体视情况而定。使用钢丝球会使锅表面的涂层脱落，缩短锅的使用寿命。

炒、烤、炖、凉拌：炒锅

炒菜时最好使用炒锅，炒锅容量大，可容纳多种食材，且便于食材翻炒均匀。

使用小贴士　炒锅导热快，可用来大火快速烹饪，但食材容易粘锅。可事先将油倒在锅中，使油均匀覆盖锅底。

烤、炖：韩式铸铁锅

铸铁锅多用于烤肉，它保持恒温的性能比较好，能锁住肉中的汁液，使烤出的肉味道鲜美。可以边烤边吃，多惬意！

使用小贴士　用韩式铸铁锅烤肉时，先用大火将锅充分预热，然后在锅中均匀涂抹一层食用油，这样烤肉时肉不会粘锅且形状完好，看上去更诱人。

煮、炖：汤锅

使用汤锅烹饪时，应根据具体情况选择是否加盖。

使用小贴士　应根据烹饪方法或食谱选择大小适宜的汤锅：吃火锅时应选择开口大的汤锅，炖食物时应选择较深的汤锅。

第一部分

牛肉类菜肴

牛肉是韩国人喜爱的食材，尤其是韩牛肉。
牛肉肉质柔嫩，一般是韩国孩子断奶后首先食用的肉类。
牛身上 50 多个部位的肉口感、味道各不相同，
因此用牛肉可以做出许多种菜肴。

韩牛肉、肉牛肉和奶牛肉

韩国市面上售卖的牛肉大致分为国产牛肉和进口牛肉两种。国产牛肉有韩牛（母牛、阉牛、公牛）肉、肉牛肉和奶牛肉。就味道而言，韩牛肉最佳，其次是肉牛肉和奶牛肉。奶牛是主要用来生产牛奶的牛。韩国的进口牛肉有美国牛肉、澳大利亚牛肉和新西兰牛肉。

牛肉烹饪小贴士

腌过的牛肉味道最好。如果想吃烤牛肉，请先用橄榄油和香料将牛肉腌一下，然后放入冰箱冷藏 1~2 小时。冷冻的牛肉最好提前一天连密封袋一起放入冰箱冷藏室解冻。如果想加快解冻的速度，可用流水解冻。解冻牛肉糜需要 1 小时，解冻牛肉片需要 2~3 小时，解冻大块牛肉则需要 5 小时以上。

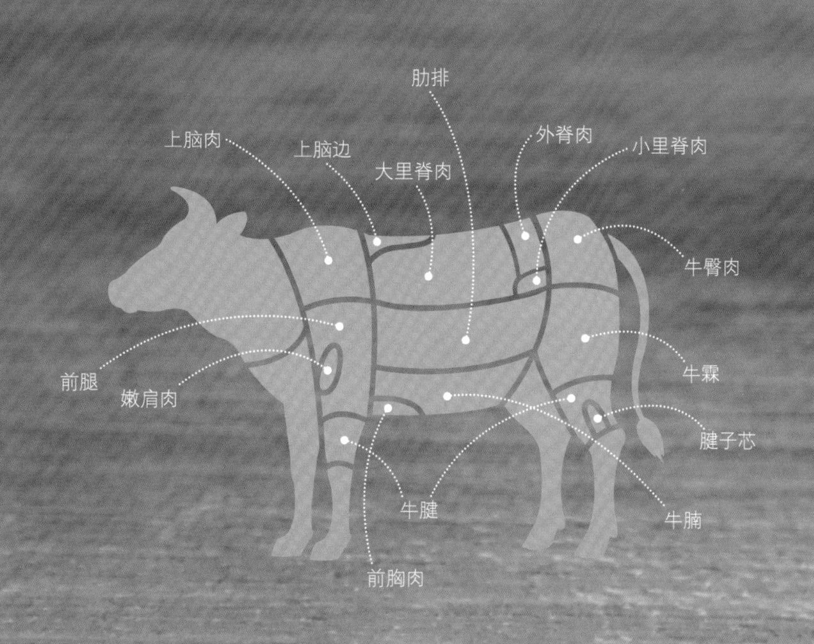

分割牛肉

不同部位的牛肉

参考《韩国食物成分表（标准版）第 9 版》，
蛋白质含量和热量均为 100 g 韩国 1 级牛肉的含量

大里脊肉

蛋白质含量：17.76 g
热量：319 千卡
烹饪方法：烤、煎

大里脊肉是牛脊椎两侧的肉。大里脊肉和外脊肉脂肪分布均匀，肉质柔嫩，烤着吃风味独特。大里脊肉买来后应尽快食用。如需保存，每一块肉都应密封。

【重点】去除表面的血水。

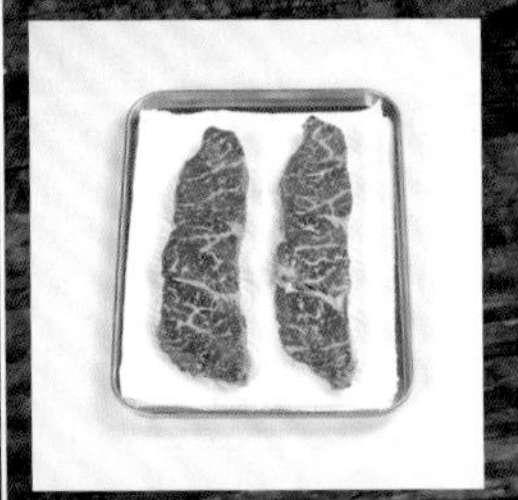

购买大里脊肉后，将肉放在厨房纸巾上，待肉表面的血水被吸干再冷藏保存。

小里脊肉

蛋白质含量：19.17 g
热量：193 千卡
烹饪方法：烤、煎、炖

牛身上味道最好的肉是从腰椎骨末端到腹腔内侧的肉，这个部位的肉脂肪少、口感嫩，经常用于做牛排等高级料理。由于脂肪少，烤太久肉会变硬。烤肉时如果想维持牛肉的形状，可用干净的棉线在其侧面绑一圈。

【重点】烤肉前用腌料腌一下以减少汁液流失。

用香料和橄榄油将肉腌一下，放入冰箱冷藏 3~4 小时，肉的味道更佳。

上脑边

蛋白质含量：16.68 g
热量：303 千卡
烹饪方法：烤、炖

上脑边指的是牛大里脊肉前部的肉。这个部位的肉脂肪分布均匀，有较多的大理石纹，柔嫩多汁，适合烤着吃。由于口感鲜嫩，所以非常受孩子欢迎。但是因脂肪多而易变质，购买后应尽快食用。

【重点】宜冷藏保存，适合烤着吃。

上脑边是牛肉中大理石纹最多的部分，适合烤着吃。即使不进行处理，直接将其烤熟食用，其口感也很鲜嫩。

嫩肩肉

蛋白质含量：20.70 g
热量：253 千卡
烹饪方法：烤、炒、炖

嫩肩肉位于牛前腿上部，因脂肪和肌肉间的筋膜形状为扇形又被称为“扇子肉”。牛前腿上部肌肉发达，所以这一部位的肉口感筋道，其中的筋膜有韧性，但很多孩子不太喜欢。可事先用刀将筋膜去除，使肉口感更柔嫩。

【重点】去除坚韧的筋膜。

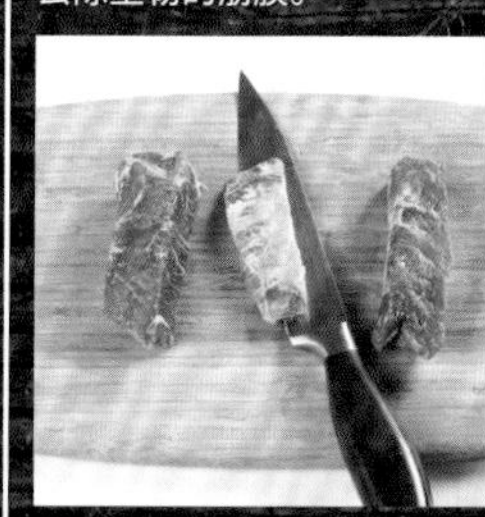

去除白色半透明的筋膜能使嫩肩肉的口感更柔嫩。

牛臀肉

蛋白质含量：23.08 g
热量：155 千卡
烹饪方法：烤、卤、炖

牛臀肉位于牛后腿上方接近臀部的位置，几乎没有脂肪。牛臀肉是大块肉，味道相对清淡；肉质较硬，需要煮较长时间才能变软。与其他部位的肉相比，牛臀肉的蛋白质含量较高。

【重点】去除筋膜。

如果购买的是大块的肉，如牛臀肉，应先去除覆在肉表面的筋膜，这样肉才更易软烂。

牛腱

蛋白质含量：24.04 g（100 g 牛后腿肉的含量）
热量：137 千卡（100 g 牛后腿肉的含量）
烹饪方法：卤、炖、煮

牛腱是位于牛的前、后腿膝盖上方的肉，肌肉较多，有韧性。牛腱经过长时间的炖煮，口感柔嫩又筋道。多汁的牛后腿肉适合用来做白切肉。煮之前，要将肉放在冷水中浸泡 1~2 小时以去除肉中的血水，这样煮熟的肉才没有腥气。

【重点】横切。

牛腱肌肉较多。将表面的筋膜去除后，横切成小块。

肋排

蛋白质含量：16.94 g（100 g 本肋排的含量）
热量：297 千卡（100 g 本肋排的含量）
烹饪方法：烤、炖、煮（煲汤）

牛一共有 13 对肋骨，分为 3 个部分。从前往后数，第 1 对到第 5 对叫本肋排，第 6 对到第 8 对叫花肋排，第 9 对到第 13 对叫真肋排。其中味道最鲜美的是花肋排，最适合用来煲汤的是真肋排。做烧烤所用的排骨肉是肋排上的瘦肉，也叫“肋条肉”。

【重点】去除粗筋再烹饪。

烹饪前先去除肋排上的大块脂肪和粗筋，再将肋排放在冷水中浸泡 1~3 小时，以去除肉中的血水。

上脑肉

蛋白质含量：21.60 g
热量：180 千卡
烹饪方法：烤、涮、煮（煲汤）

上脑位于牛的后颈。后颈是牛身上活动量较大的部位，脂肪少，瘦肉多，因此上脑肉越嚼越筋道。可将上脑肉切成薄片，用于烤或涮。冷冻保存时，不能将上脑肉切片后直接叠放在一起，而要间隔平铺，再覆盖一层保鲜膜，层层叠放在冰箱中。

【重点】将上脑肉片放在厨房纸巾上以去除肉中的血水。

烤或涮牛肉时，肉中的汁液容易流出，因此要先将解冻后的上脑肉片放在厨房纸巾上，去除肉中自然流出的血水，这样其他食物才不会沾上血腥味。

基础酱料

提前做好基础酱料的话，即使手边没有其他食材，只有牛肉，也能让饥肠辘辘的孩子尽快吃上饭。只需用几种基本的调料，就能做出基础酱料。当然，如果提前将牛肉腌入味，那么做出的菜肴更加可口。

原料（腌制 600 g 牛肉的用量）

生抽 6 汤匙，
洋葱汁 3 汤匙，
梨汁 3 汤匙，
料酒 2 汤匙，
白糖 2 汤匙，
蒜末 1 汤匙，
芝麻油 ½ 汤匙，
黑胡椒粉 ¼ 茶匙

做法

所有原料混合均匀。

腌牛肉酱

腌牛肉酱是一种备受人们喜爱的酱料，适合用来做牛肉类菜肴。梨汁或苹果汁、菠萝汁等果汁中含有酶，加入果汁有助于软化肉质。

小贴士

把带果肉的果蔬汁倒入冰格冷冻保存

带果肉的果蔬汁是做肉类菜肴必不可少的原料。因为做起来比较麻烦，所以可以一次性多做一些，放入冰格冷冻保存，随用随取。

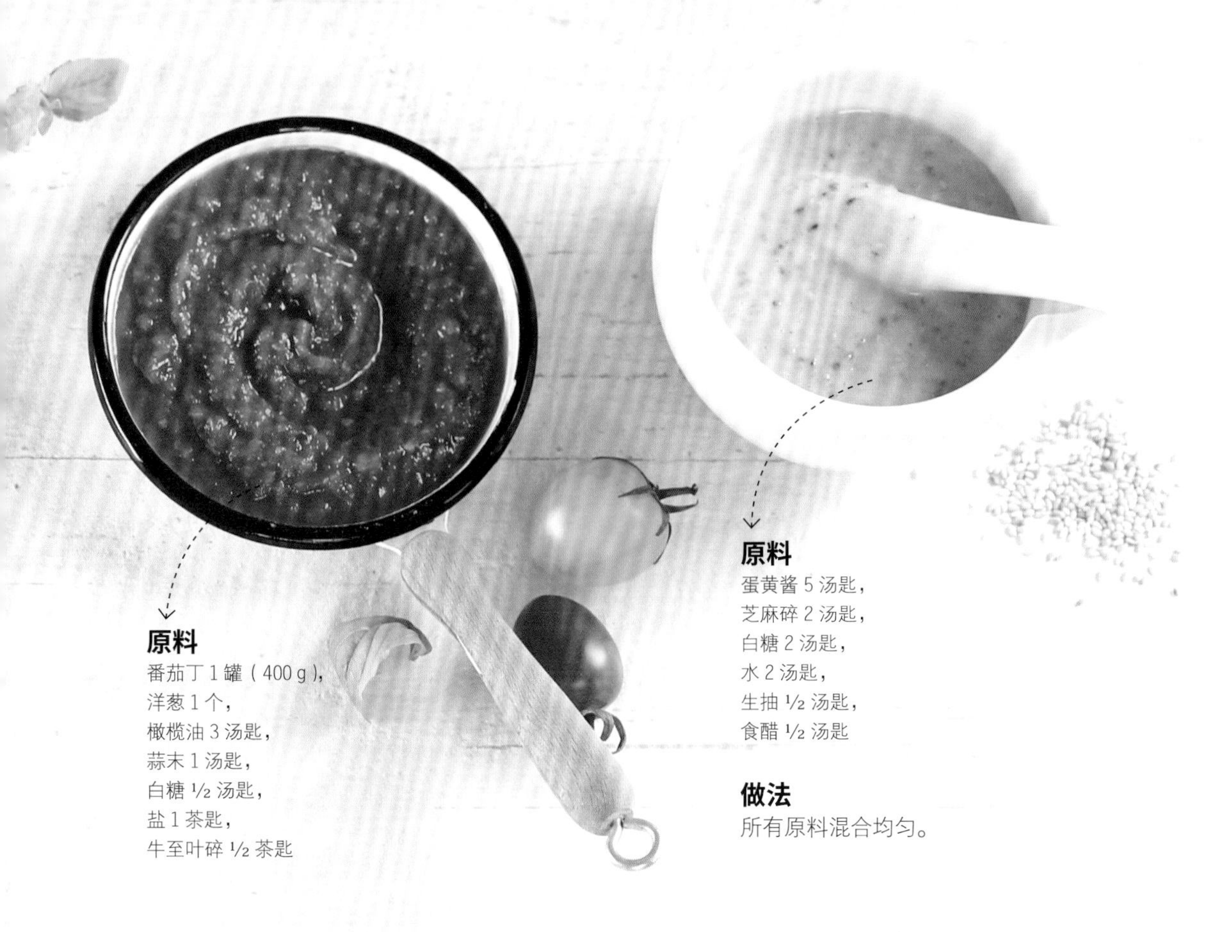

原料

番茄丁 1 罐（400 g），
洋葱 1 个，
橄榄油 3 汤匙，
蒜末 1 汤匙，
白糖 ½ 汤匙，
盐 1 茶匙，
牛至叶碎 ½ 茶匙

番茄酱

我做的是意式番茄酱。做法非常简单，可以一次性多做一些，然后分成小份冷冻保存。番茄酱可用于烹饪各种肉类菜肴、意大利面、比萨等。

做法

1. 将洋葱切碎。
2. 热锅，倒橄榄油，放入蒜末和洋葱翻炒。
3. 炒至洋葱变透明，倒入番茄丁，加入白糖、盐和牛至叶碎。
4. 小火煮 20 分钟以上，倒入食物料理机搅打成泥即可。

原料

蛋黄酱 5 汤匙，
芝麻碎 2 汤匙，
白糖 2 汤匙，
水 2 汤匙，
生抽 ½ 汤匙，
食醋 ½ 汤匙

做法

所有原料混合均匀。

芝麻酱

这是一种主要用香喷喷的芝麻制成的酱料，适合用作火锅、越南春卷等的蘸酱。因为使用了蛋黄酱和芝麻，所以难以长期存放。一次性最多只能做出可食用 2~3 次的量，并且一周内须食用完。

小贴士

芝麻要现用现磨

如果提前磨碎芝麻，芝麻的香气会很快挥发，且芝麻容易吸收空气中的水分而变潮，最好现用现磨。

基础菜肴和升级菜肴

基础菜肴 1

意式牛肉酱

意式牛肉酱是做意大利面等西餐时经常用的肉酱。只有经过长时间烹饪，牛肉酱的味道才浓郁，因此最好在时间充裕时做。当孩子突然想吃意大利面时，只要煮好面，再拌入一些意式牛肉酱，就能做出一道味美的意大利面。

原料（4 人份） 牛肉糜 500 g，培根 2 片，洋葱 1 个，胡萝卜 ½ 根，西芹茎 1 根，红酒 ½ 杯，橄榄油 3 汤匙，番茄丁 1 罐（400 g），番茄酱 1 汤匙，白糖 1 汤匙，牛至叶碎 ¼ 茶匙，月桂叶 1 片，蒜末 1 汤匙，黑胡椒粉 ¼ 茶匙，盐 1 茶匙

做法

1. 将培根、洋葱、胡萝卜和西芹茎切碎。
2. 热锅，倒橄榄油，加入蒜末翻炒，倒入步骤 1 中处理好的原料，大火炒熟。
3. 加入牛肉糜、盐和黑胡椒粉，中火翻炒。
4. 肉熟后倒入红酒，大火煮开以去除肉腥味。
5. 将剩余原料一起放在锅中，小火煮 30 分钟以上。
6. 将做好的肉酱分成小份，用密封容器或保鲜袋密封好，放入冰箱冷冻保存。

〔意式牛肉酱〕

升级菜肴

千层面

这是一道用意式牛肉酱和千层面面皮就能轻松做出的菜肴。将肉酱和面皮依次铺 3~4 层即可。也可将菠菜等蔬菜焯一下，加入里科塔奶酪搅拌均匀，然后铺在每一层面皮上。用烤箱烤过后味道非常好。

升级菜肴

牛肉土豆派

这是一道添加了意式牛肉酱的牧羊人派。牧羊人派原本是一种用羊肉、蔬菜和土豆泥烤成的食物，这里用牛肉代替了羊肉。

升级菜肴

蔬菜牛肉盖饭

将味美的烤茄子、烤西葫芦放在米饭上，再盖上意式牛肉酱，一顿饭就做好了。食用前请记得像吃拌饭一样搅拌一下。意式牛肉酱也适合搭配各种意大利面和烤蔬菜食用。

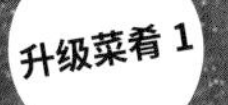

千层面

原料（2 人份） 冷冻意式牛肉酱 2 杯，马苏里拉奶酪 1 杯，千层面面皮 3 张，粗盐 1 汤匙

做法

1. 提前取出冷冻意式牛肉酱解冻。
2. 在锅中加 1 L 水，煮沸后放粗盐和面皮煮 7 分钟左右。如果肉酱较少，可略过此步骤，面皮不用煮，取出直接使用。
3. 在深烤盘里铺 $\frac{1}{2}$ 杯肉酱，再在肉酱上铺一层面皮，然后按此用量和顺序重复 2 次，最后将剩余 $\frac{1}{2}$ 杯肉酱铺在最上层。
4. 在最上层的肉酱上撒奶酪，然后盖一层锡纸。
5. 将烤箱预热至 200 ℃，将深烤盘放入烤箱烤 15 分钟后取出，取下锡纸后再烤 5 分钟即可。

牛肉土豆派

原料（2 人份） 冷冻意式牛肉酱 2 杯，土豆 3 个，熟豌豆 $\frac{1}{2}$ 杯，牛奶 3 汤匙，辣酱油 1 汤匙，黄油 1 汤匙，盐 $\frac{1}{4}$ 茶匙，黑胡椒粉 $\frac{1}{8}$ 茶匙

做法

1. 提前取出冷冻意式牛肉酱解冻。
2. 土豆去皮，煮熟并捣碎，加入牛奶、黄油、盐和黑胡椒粉搅拌成泥。
3. 在肉酱中放熟豌豆和辣酱油，搅拌均匀后倒在烤碗中。
4. 把土豆泥铺在肉酱上，将烤碗放在预热至 190 ℃的烤箱中烤 25~30 分钟，至土豆泥表面金黄即可。

蔬菜牛肉盖饭

原料（2 人份） 冷冻意式牛肉酱 2 杯，米饭 2 碗，茄子 $\frac{1}{2}$ 根，西葫芦 $\frac{1}{3}$ 根，杏鲍菇 2 个，大蒜 10 瓣，橄榄油 2 汤匙，盐 $\frac{1}{3}$ 茶匙，黑胡椒粉少许

做法

1. 提前取出冷冻意式牛肉酱解冻，将肉酱炒热后盛出。
2. 将茄子、西葫芦、杏鲍菇切小块，与大蒜、橄榄油、盐和黑胡椒粉搅拌均匀。
3. 热锅，倒入步骤 2 中的混合物，炒熟。
4. 把肉酱和蔬菜铺在米饭上。

调味牛肉

调味牛肉深受孩子的喜爱。将牛肉提前腌好，分成小份放入冰箱冷冻保存，做熟后可搭配米饭或面包食用。不要将牛肉和蔬菜一起腌，蔬菜容易腐烂，只腌牛肉即可。可以在烹饪时将调味牛肉和蔬菜一起放在锅中翻炒片刻，再根据个人喜好用调料调味。

原料（4 人份） 牛肉片 600 g，生抽 6 汤匙，洋葱汁 3 汤匙，梨汁 3 汤匙，料酒 2 汤匙，白糖 2 汤匙，蒜末 1 汤匙，芝麻油 1/2 汤匙，黑胡椒粉 1/4 茶匙

做法

1. 将牛肉片切成适口大小。
2. 将其余原料搅拌均匀。
3. 将牛肉片放在步骤 2 中混合好的腌牛肉酱中搅拌均匀，放入冰箱冷藏室腌 30 分钟以上。
4. 将腌好的牛肉分成 4 份（每份约 150 g），放在保鲜盒或真空包装袋中冷冻保存。

〔调味牛肉〕

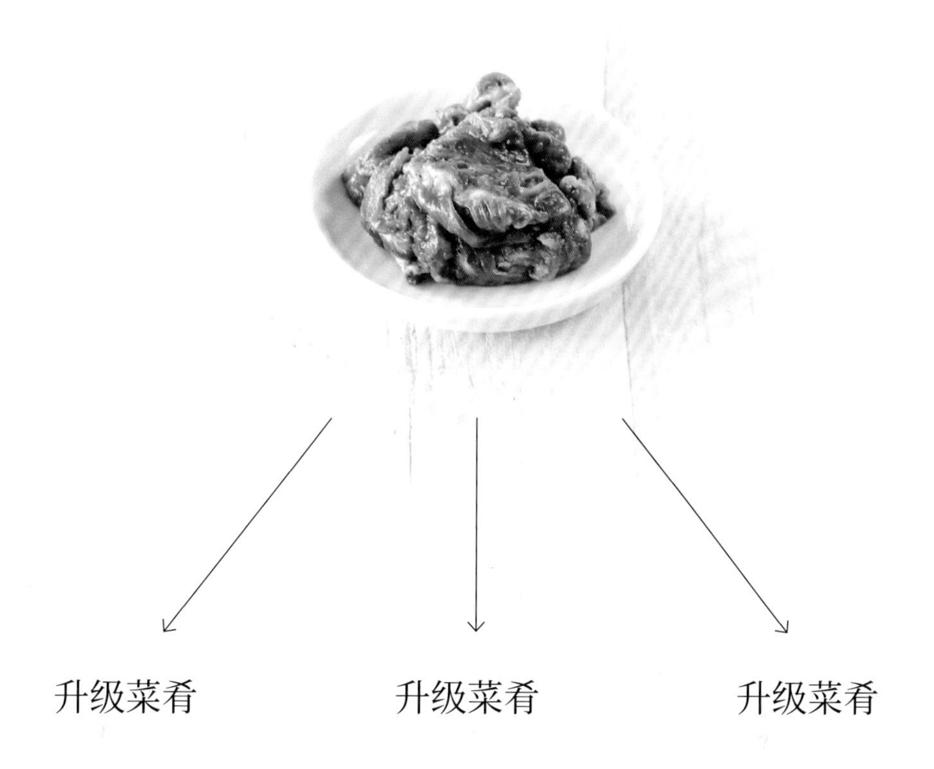

升级菜肴　　升级菜肴　　升级菜肴

牛肉蘑菇三明治

这是一道用牛肉、蘑菇和切片面包做的三明治。为避免汤汁过多，得先用大火将牛肉炒熟。满满一层奶酪碎使三明治味道更浓郁。如果孩子喜欢，还可以夹一些生菜。

牛肉蘑菇汤

调味牛肉可以直接烤着吃，也可以用来煲汤。调味牛肉本身汁液丰富，因此不需要另外使用高汤。这道汤适合全家人围坐在一起享用。

辣椒炒牛肉

我用了辣椒而非洋葱、胡萝卜等蔬菜，以使这道菜具有独特的味道和香气。除辣椒外，焯过的蒜薹也是不错的选择。

牛肉蘑菇三明治

原料（2 人份） 冷冻调味牛肉 100 g，切片面包 2 片，平菇 50 g，马苏里拉奶酪 ½ 杯，蛋黄酱 2 汤匙，食用油适量，盐和黑胡椒粉少许

做法

1. 提前取出冷冻调味牛肉解冻。
2. 去除调味牛肉中的一些腌料，将牛肉放在锅中翻炒至脱水，盛出。
3. 热锅，倒食用油，放入平菇快速翻炒，用少许盐和黑胡椒粉调味。
4. 分别在 2 片切片面包的一面涂上蛋黄酱。
5. 用 2 片切片面包将牛肉、平菇和马苏里拉奶酪夹好，放入三明治机烤至两面金黄。

牛肉蘑菇汤

原料（2 人份） 冷冻调味牛肉 300 g，粉条 1 把，平菇 100 g，香菇 2 朵，杏鲍菇 1 个，大葱 ¼ 根，水 2 杯，汤用酱油 1 汤匙

做法

1. 提前取出冷冻调味牛肉解冻。
2. 把粉条放在温水中浸泡 10 分钟左右。
3. 平菇去根，分成小朵；香菇和杏鲍菇切片。
4. 大葱剖开并切段，每段 5 cm 左右。
5. 将牛肉、大葱、粉条、各种菌菇和水倒入汤锅，大火煮沸，最后用汤用酱油调味。

辣椒炒牛肉

原料（2 人份） 冷冻调味牛肉 200 g，青阳辣椒 4 个，白芝麻 1 茶匙，芝麻油 ½ 茶匙

做法

1. 提前取出冷冻调味牛肉解冻。
2. 青阳辣椒去蒂，每个切成两段。
3. 热锅，放入牛肉，炒至牛肉变色，加入青阳辣椒一起翻炒。
4. 炒熟后淋上芝麻油，撒上白芝麻即可。

蔬菜牛肉糜

在牛肉糜中放各种炒熟的蔬菜和调料并拌匀，得到的就是蔬菜牛肉糜。蔬菜牛肉糜用途广泛，可将它揉成不同的形状，用油纸或保鲜膜包好，冷冻保存，随用随取。如果之后要做肉丸，则大约每 30 g 肉糜揉成一个球，每个球表面裹一层面粉后冷冻保存。如果之后要做汉堡包肉饼或牛排，则大约每 100 g 肉糜揉成一个饼，冷冻保存。

原料（4 人份） 牛肉糜 400 g，洋葱 1 个，胡萝卜 ½ 根，面包糠 ½ 杯，牛奶 2 汤匙，辣酱油 1 汤匙，食用油 ½ 汤匙，蒜末 1 茶匙，盐 ½ 茶匙，黑胡椒粉 ⅛ 茶匙

做法

1. 将洋葱和胡萝卜切碎。
2. 热锅，倒食用油，加入洋葱和胡萝卜炒至脱水，盛出。
3. 将牛肉糜、洋葱、胡萝卜和剩余原料放在碗中，搅拌均匀。
4. 将蔬菜牛肉糜按照用途揉成合适的形状，用油纸或保鲜膜包好，冷冻保存。

〔蔬菜牛肉糜〕

升级菜肴　　升级菜肴　　升级菜肴

牛排

在煎的过程中，蔬菜牛肉糜饼中间会膨胀，因此要先将肉糜饼中间捏凹。煎牛排时开小火、盖上锅盖，也可以先用平底锅将其表层煎熟，再放入烤箱烤至全熟。

番茄牛肉丸

口感嫩滑的牛肉丸搭配酸甜的番茄酱，孩子非常喜欢吃。在孩子吃辅食时期，我经常给他们做这道菜。单独食用或搭配意大利面食用都可以。

牛肉汉堡包

蔬菜牛肉糜饼煎熟后可以充当汉堡包肉饼。直接使用早餐面包作为汉堡面包胚，做起来比较方便。除了夹肉饼，汉堡包还可以夹番茄，或者夹一些意式牛肉酱以增加香味。

牛排

原料（2 人份） 冷冻蔬菜牛肉糜饼 200 g，洋葱 ¼ 个，双孢菇 2 朵，黄油 1 汤匙，鸡蛋 1 个，食用油适量，猪排酱 3 汤匙，水 3 汤匙，番茄酱 2 汤匙，红糖 1 汤匙，蜂蜜 1 汤匙，生抽 ½ 汤匙，黑胡椒粉适量

做法

1. 提前取出蔬菜牛肉糜饼解冻，中间捏凹。
2. 大火热锅，倒食用油，先将肉糜饼每面各煎 1 分钟左右，再盖上锅盖，转小火煎熟，盛出。
3. 洋葱切丝，双孢菇切片，黄油放在锅中熔化，放入洋葱、双孢菇翻炒。
4. 炒至洋葱变透明，加入猪排酱、水、番茄酱、红糖、蜂蜜、生抽和黑胡椒粉，小火煮 3 分钟左右，淋在牛排上。
5. 锅中倒少许食用油，打入鸡蛋煎熟，放在牛排上即可。

番茄牛肉丸

原料（2 人份） 冷冻蔬菜牛肉糜球 200 g，青椒 1 个，洋葱 ½ 个，番茄酱 2 杯，帕玛森干酪粉 ½ 杯，食用油 1 汤匙，橄榄油 1 汤匙，面粉适量，盐 ⅓ 茶匙，黑胡椒粉适量

做法

1. 提前取出蔬菜牛肉糜球解冻，然后在每个球上裹一层面粉。
2. 热锅，倒食用油，放入肉糜球煎至表面金黄，取出放入预热至 190 ℃的烤箱烤 10 分钟左右，装盘。
3. 青椒和洋葱切小块，平底锅中倒橄榄油，放入青椒和洋葱翻炒，用盐和黑胡椒粉调味。
4. 炒至洋葱变透明，放入番茄酱和帕玛森干酪粉，小火炖 5 分钟左右，浇在烤好的牛肉丸上。

牛肉汉堡包

原料（2 人份） 冷冻蔬菜牛肉糜饼 2 个，汉堡包面包胚 2 个，番茄 2 片，洋葱 ½ 个，生菜 3~4 片，切片奶酪 2 片，酸黄瓜 8~10 片，蛋黄酱 2 汤匙，食用油适量，烧烤酱 3 汤匙，盐适量，黑胡椒粉适量

做法

1. 提前取出蔬菜牛肉糜饼解冻，中间捏凹。
2. 热锅，倒食用油，放入肉糜饼，小火煎熟。
3. 洋葱切圈。
4. 将每个汉堡包面包胚都横向剖成两半，切面朝下放在锅中煎一下，取出后在切面涂抹蛋黄酱。
5. 热锅，倒食用油，放入洋葱炒至变软，加入烧烤酱、盐和黑胡椒粉继续翻炒。
6. 将 1 个肉糜饼、1 片切片奶酪、½ 份炒好的洋葱、1 片番茄、4~5 片酸黄瓜和 1~2 片生菜依次放在半个汉堡包面包胚的切面上，盖上另外半个汉堡包面包胚即可。按照同样的方法再做一个汉堡包。

牛骨汤

天气转凉后，我几乎每天都喝牛骨汤。将乳白色的牛骨汤放入冰箱冷冻保存，就像在为冬天储备粮食一样，让人心中无比踏实。提前一晚把牛骨汤从冷冻室中取出，放入冷藏室解冻，第二天的早餐就有着落了。当不知道喝什么汤时，就来一碗牛骨汤吧，味道堪称一绝。

原料（4 人份） 牛腿骨 2 kg，牛腩（或牛后腿肉）300 g，水适量

做法

1. 将牛腿骨洗净，放在深汤锅中，倒入足以没过牛腿骨的冷水浸泡。其间换几次水，去除骨头中的血水。
2. 将牛腿骨放在深汤锅中，再次倒入足以没过牛腿骨的冷水，煮沸后将水滤掉。
3. 用冷水将牛腿骨洗净，放在洗净的深汤锅中，倒入足量的水，开火，盖上锅盖煮 3 小时以上。关火前 1 小时放入牛腩（或牛后腿肉）一起煮。
4. 将熬至乳白色的汤单独盛出，捞出牛肉，撕成小块。
5. 再次在深汤锅中倒足量的水，和牛腿骨一起煮 3 小时以上，将汤盛出。
6. 将第一次熬的汤和第二次熬的汤混合，放凉后装在塑料瓶或装汤用的食品密封袋中，冷冻保存。撕成小块的牛肉分装，冷冻保存。

〔牛骨汤〕

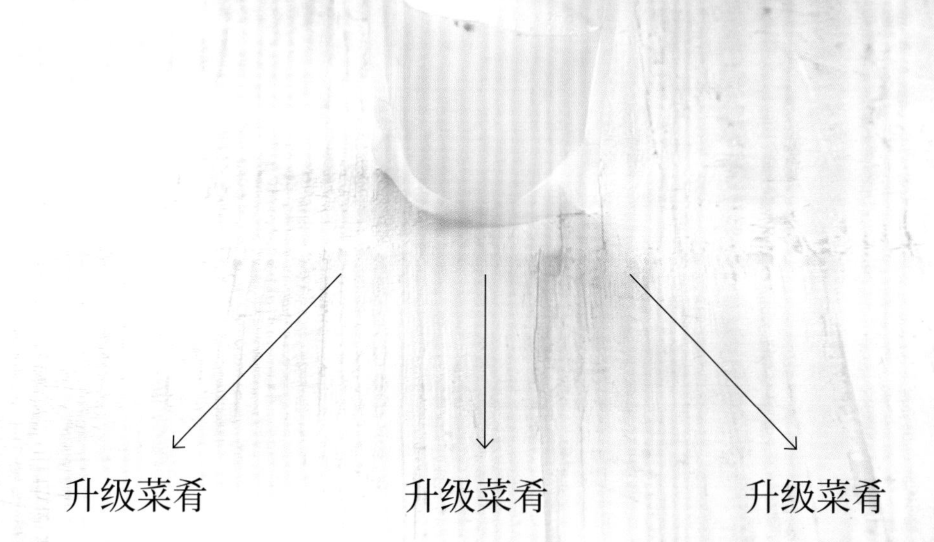

升级菜肴　　升级菜肴　　升级菜肴

牛骨汤面

寒冷的天气，比起鳀鱼汤面或蛤蜊汤面，我更想吃牛骨汤面。如果你愿意，也可以在面中放一些用辣椒面和蒜泥制作的调味酱。

干白菜牛骨汤

在牛骨汤中加干白菜和黄豆芽，味道非常鲜美。再放一些牛肉块，汤的味道更好。把做牛骨汤时煮熟的牛肉撕成小块冷冻保存，以便随时取用。

牛骨年糕汤

在牛骨汤中放一些年糕，用汤用酱油、盐等调料调味，一碗可口的牛骨年糕汤就做好了。可根据个人喜好放一些海苔、蛋皮或葱花。牛骨年糕汤非常适合作为孩子的早餐。

牛骨汤面

原料（2 人份） 冷冻牛骨汤 4 杯，面条 300 g（2 人份），胡萝卜 ⅓ 根（60 g），西葫芦 ⅓ 根（100 g），撕成小块的熟牛肉适量，汤用酱油 1 汤匙，蒜末 ½ 汤匙，食用油少许，盐适量，黑胡椒粉少许

做法

1. 提前取出冷冻牛骨汤解冻。
2. 胡萝卜和西葫芦切丝。
3. 热锅，倒食用油，放入胡萝卜和西葫芦翻炒，用少许盐和黑胡椒粉调味，炒至蔬菜变软，盛出。
4. 将牛骨汤倒入汤锅煮沸。
5. 下入面条煮熟。
6. 加入蒜末和汤用酱油，煮沸后加 1 茶匙盐调味，出锅。放上炒好的蔬菜和熟牛肉。

干白菜牛骨汤

原料（2 人份） 冷冻牛骨汤 4 杯，撕成小块的熟牛肉 100 g，焯过的干白菜 1 把（200 g），黄豆芽 1 把（100 g），大葱 ½ 根，汤用酱油 1 汤匙，盐少许，大酱 1½ 汤匙，蒜末 1 汤匙，辣椒粉 1 汤匙，芝麻油 1 茶匙

做法

1. 提前取出冷冻牛骨汤解冻。
2. 用大酱、蒜末、辣椒粉和芝麻油给焯过的干白菜调味。
3. 将大葱切成两段，每段长 3~4 cm。
4. 将干白菜、牛骨汤和大葱放在汤锅中煮 10 分钟左右。
5. 待干白菜变软，放入熟牛肉和黄豆芽，煮沸。
6. 用汤用酱油和盐调味。

牛骨年糕汤

原料（2 人份） 冷冻牛骨汤 5 杯，年糕片 400 g，撕成小块的熟牛肉适量，海苔 1 片，鸡蛋 1 个，汤用酱油 1 汤匙，盐 1 茶匙，黑胡椒粉少许，食用油少许

做法

1. 提前取出冷冻牛骨汤解冻。
2. 用冷水将年糕片浸泡 30 分钟以上。
3. 将牛骨汤倒入汤锅煮沸。
4. 将年糕片从冷水中捞出，放在汤锅中，用汤用酱油、盐和黑胡椒粉调味。
5. 待年糕片上浮，放入熟牛肉再煮片刻。
6. 鸡蛋打散，热锅，倒少许食用油，倒入蛋液摊成蛋皮后切丝。
7. 海苔切丝，和蛋皮一起放在年糕汤上即可。

坚果年糕牛肉卷

这是一道非常受孩子喜爱的菜肴。平时，我们可以将年糕捣碎包在面团中，或者将年糕切成圆片包在牛肉饼中。在这里，我将年糕条直接卷在牛肉中，并加入营养丰富的坚果，为整道菜增添了香甜的风味。这道菜可以让孩子爱上坚果。

原料

牛肉糜 400 g，年糕条 4 根（每根长约 8 cm），核桃仁 5~6 个，松子仁 3 汤匙，食用油适量

拌料

梨汁 2 汤匙，蒜末 1 汤匙，大葱葱白碎 1 汤匙，糯米粉 1 汤匙，生抽 1 汤匙，白糖 1 汤匙，黑胡椒粉少许

涂抹用酱料

生抽 1 汤匙，蜂蜜 1 汤匙，芝麻油 1 茶匙，黑胡椒粉少许

年糕条酱料

生抽 1 茶匙，芝麻油 1 茶匙

做法

❶ 年糕条竖切成两半，加入年糕条酱料，搅拌均匀。

❷ 将核桃仁和松子仁剁碎。

❸ 在牛肉糜中加核桃仁、松子仁和拌料，搅拌均匀。

❹ 将步骤 3 中的混合物揉成多个小肉饼。

❺ 分别用小肉饼将年糕条卷起来。

❻ 热锅，倒食用油，放入年糕牛肉卷，煎至表面金黄，刷上混合均匀的涂抹用酱料，再煎一会儿即可。

①
②
③
④
⑤
⑥

紫苏叶牛肉饼

紫苏叶牛肉饼主要是用牛肉做的，深受孩子喜爱。如果感觉调馅过程烦琐，可提前将肉馅做好并冷冻保存，以便随时取用。用紫苏叶包住肉馅，再裹一层蛋液，煎熟即可。

原料

紫苏叶 10 片，面粉 1 杯，鸡蛋 2 个，盐少许，食用油少许

肉馅

牛肉糜 200 g，豆腐 ½ 块（150 g），洋葱 ½ 个，胡萝卜 ⅓ 根，韭菜 1 把（20 g），蒜末 ½ 汤匙，生抽 ½ 汤匙，料酒 ½ 汤匙，黑胡椒粉少许

做法

❶ 用棉布将豆腐包起来，尽量把水挤干，并用刀背将豆腐敲碎。

❷ 将洋葱、胡萝卜和韭菜切碎，与豆腐和其他馅料原料一起放在大碗中，搅拌成肉馅。

❸ 将紫苏叶洗净，擦干表面的水，两面都蘸上面粉。

❹ 鸡蛋打散，加少许盐调味。

❺ 将肉馅放在每片紫苏叶的一边，把另一边折上去，包好。

❻ 热锅，倒食用油，放入两面都蘸了蛋液的紫苏叶牛肉饼，煎至双面金黄即可。

白萝卜炖牛肉

孩子断奶后，我经常给孩子做这道菜。白萝卜炖得越久就越甜，苏子油香气扑鼻，因此这道菜受到了全家老小的喜爱。如果做给成长期的孩子吃，可以多放些牛肉，做成以牛肉为主的菜肴。还可以用这道菜搭配米饭，做成盖饭或拌饭。

原料

牛肉糜 150 g，白萝卜 1/4 根（200 g），淘米水 1/2 杯，芝麻盐 1 汤匙，苏子油 1 汤匙，盐 1 茶匙

腌料

生抽 1 茶匙，料酒 1 茶匙，蒜末 1/2 茶匙，芝麻油 1/2 茶匙，黑胡椒粉少许

做法

❶ 用腌料将牛肉糜腌 20 分钟。

❷ 将白萝卜切成厚约 0.4 cm 的条。

❸ 牛肉糜入锅，小火炒熟。

❹ 加入白萝卜和苏子油，翻炒。

❺ 加入淘米水，撒盐，盖上锅盖，小火煮 10 分钟左右。

❻ 揭起锅盖，撒上芝麻盐即可。

豆腐炒牛肉

在经常吃的豆腐中加一些牛肉，口感更丰富。炒料的加入使这道菜咸香可口，非常下饭。你也可以在这道菜中放一些海苔碎和米饭，做成拌饭。

原料

牛肉糜 150 g，豆腐 1 块（300 g），白芝麻 1 汤匙，盐少许，食用油少许

腌料

生抽 1 茶匙，料酒 1 茶匙，蒜末 ½ 茶匙，芝麻油 ½ 茶匙，黑胡椒粉少许

炒料

生抽 2 汤匙，料酒 1 汤匙，白糖 1 汤匙，芝麻油 1 茶匙

做法

❶ 豆腐切块，用厨房纸巾擦干表面的水。

❷ 用腌料将牛肉糜腌 20 分钟。

❸ 热锅，倒食用油，放入豆腐，煎至表面金黄，撒少许盐调味，盛出。

❹ 牛肉糜入锅翻炒。

❺ 牛肉糜炒熟后，放入豆腐和炒料，轻轻翻炒片刻后撒上白芝麻即可。

蒜薹牛肉炒饭

不想另做菜的时候，我会做一道炒饭。把不爱吃的蔬菜用来做炒饭，味道出乎意料地好。蒜薹先焯再炒能减少辣味，孩子也更容易接受它的味道。

原料

牛肉糜 200 g，米饭 2 碗，蒜薹 4 根，食用油 $1\frac{1}{2}$ 汤匙，粗盐 1 汤匙，蚝油 1 汤匙，芝麻油 1 茶匙，黑胡椒粉少许

腌料

生抽 1 茶匙，料酒 1 茶匙，芝麻油 $\frac{1}{2}$ 茶匙，黑胡椒粉少许

做法

❶ 用腌料将牛肉糜腌 20 分钟。

❷ 蒜薹切小段，在沸水中放粗盐和蒜薹煮 1 分钟左右，捞出蒜薹，用冷水冲洗。

❸ 热锅，倒食用油，放入牛肉糜翻炒，炒至牛肉糜变色放入蒜薹继续翻炒。

❹ 把米饭倒在锅中，加入蚝油，翻炒均匀，淋上芝麻油，用黑胡椒粉调味即可。

①

②

③

④

小贴士

非常实用！牛肉糜的保存方法

牛肉糜用途广泛，可用来做各种美食。比如将它用大火炒熟后与各种食物搭配食用，或加入蔬菜、调料后做成肉丸或汉堡包肉饼。但是，与其他状态的肉相比，牛肉糜暴露在空气中的面积更大，更容易变质，保质期更短。保存时，要先用厨房纸巾吸干牛肉糜表面的血水，再放在真空包装袋中冷冻保存。

牛肉蔬菜沙拉

熟牛肉搭配生蔬菜，就是一道色香味俱全的沙拉。调出合孩子口味的沙拉酱能减轻他们对蔬菜的抗拒。可根据季节选择合适的蔬菜（或水果）。

原料

牛大里脊肉（或牛外脊肉）200 g，沙拉叶菜 150 g，黄甜椒 $\frac{1}{2}$ 个，樱桃番茄 6 个

腌料

橄榄油 1 汤匙，盐 $\frac{1}{2}$ 汤匙，黑胡椒粉少许

沙拉酱

生抽 2 汤匙，葡萄籽油 2 汤匙，洋葱碎 1 汤匙，芝麻油 1 汤匙，白糖 1 汤匙，食醋 1 汤匙，白芝麻 1 汤匙，黑胡椒粉少许

做法

❶ 把沙拉叶菜放在冷水中浸泡一会儿，沥干，用手撕成适口大小。

❷ 黄甜椒去籽，切条；樱桃番茄一分为二。

❸ 用腌料将牛大里脊肉腌 20 分钟，放在锅中煎熟，出锅，放凉后切成适口大小。

❹ 将沙拉叶菜、黄甜椒、樱桃番茄和牛大里脊肉放在盘中，淋上混合均匀的沙拉酱即可。

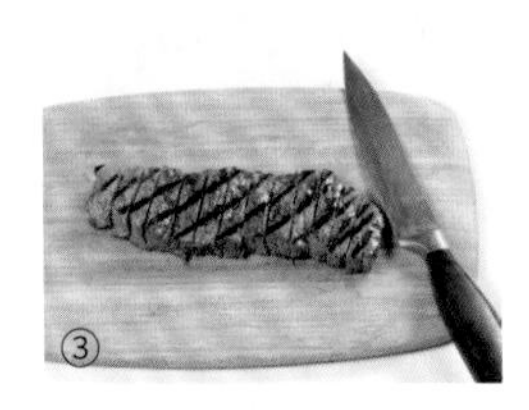

牛肉寿司

孩子一闻到生鱼片寿司的腥气，就皱着眉直摇头，表示不想吃。我们可以尝试做牛肉寿司给孩子吃，成年人也特别喜欢这种寿司，全家人可以一起享用。可以用不辣的芽苗菜代替萝卜芽菜。

原料

牛外脊肉 200 g，米饭 2 碗，洋葱 ½ 个，萝卜芽菜（或其他芽苗菜）适量

腌料

橄榄油 2 汤匙，盐 1 茶匙，黑胡椒粉少许

拌料

白醋 3 汤匙，白糖 2 汤匙，盐 ⅓ 茶匙

酱料

生抽 3 汤匙，料酒 2 汤匙，蜂蜜 1 汤匙，白糖 1 汤匙，芝麻油 1 茶匙，黑胡椒粉少许

做法

❶ 将牛外脊肉切成长 5 cm、宽 3 cm 的薄片，用腌料腌 20 分钟。

❷ 洋葱切丝，放在冷水中浸泡 10 分钟，沥干。

❸ 将所有酱料原料倒在锅中，搅拌均匀，熬成酱料，盛出。

❹ 热锅，倒入拌料原料，煮至白糖溶化。将拌料浇在米饭上，搅拌均匀后把米饭捏成适口大小。

❺ 中火将牛肉片煎熟。

❻ 把牛肉片分别放在饭团上，刷上酱料，放上洋葱、萝卜芽菜（或其他芽苗菜）即可。

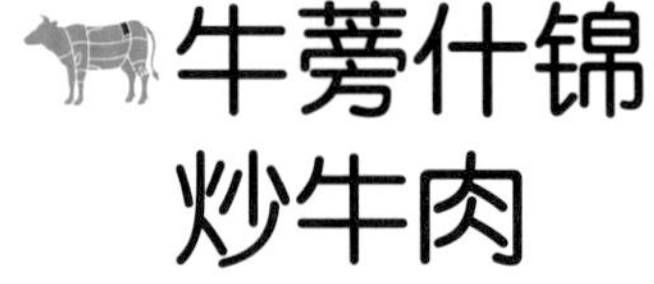

牛蒡什锦炒牛肉

你如果吃腻了粉条什锦炒牛肉，就试着做一道牛蒡什锦炒牛肉吧。牛蒡清脆的口感使这道菜别具一格。这道菜不仅可以作为孩子的专属菜，而且可以成为某个特别的日子里的一道硬菜。

原料

牛外脊肉 150 g，牛蒡 1 根，胡萝卜 ½ 根，青椒 ½ 个，红甜椒 ½ 个，食用油 2 汤匙，白芝麻 1 汤匙，食醋少许

腌料

生抽 ½ 汤匙，料酒 ½ 汤匙，白糖 1 茶匙，芝麻油 1 茶匙，黑胡椒粉少许

炒料

生抽 1 汤匙，白糖 ½ 汤匙，蜂蜜 ½ 汤匙，芝麻油 ½ 茶匙

做法

❶ 牛外脊肉切丝，用腌料腌 20 分钟。

❷ 牛蒡去皮，切丝。在水中加少许食醋，放入牛蒡浸泡 10 分钟后捞出，沥干。

❸ 胡萝卜、青椒和红甜椒切丝。

❹ 牛外脊肉入锅炒熟，盛出。

❺ 热锅，倒食用油，放入牛蒡，小火翻炒至牛蒡变软，放入胡萝卜、青椒和红甜椒，快速翻炒至断生。

❻ 加入牛外脊肉和炒料，翻炒均匀后撒上白芝麻即可。

牛肉奶油意面

奶油意面是一道男女老少皆宜的美食。将自己喜欢的蔬菜炒熟，加入鲜奶油和奶酪，煮沸后放入意大利面，轻轻松松就能做出可口的奶油意面。加入牛肉后，这款意面味道更好。

原料

牛大里脊肉（或牛外脊肉）150 g，意大利面（宽面或细面皆可）140 g，西蓝花 1/2 棵，洋葱 1/2 个，大蒜 3 瓣，鲜奶油 1 1/2 杯，帕玛森干酪粉 3 汤匙，橄榄油 1 汤匙，盐适量，黑胡椒粉少许

做法

❶ 往深汤锅中加 10 杯水和 2 汤匙盐，煮沸后放入意大利面，煮 8 分钟后把面捞出，沥干。

❷ 西蓝花去梗，切小朵，放在锅中焯一下，沥干。

❸ 洋葱切丝，大蒜和牛肉切片。热锅，倒橄榄油，放入洋葱、大蒜和牛肉翻炒，用 1 茶匙盐和少许黑胡椒粉调味。

❹ 炒至牛肉变色，放入西蓝花翻炒。

❺ 炒至洋葱变透明，倒入鲜奶油和大部分帕玛森干酪粉（剩余的备用），搅拌均匀，中火煮沸。

❻ 倒入意大利面，搅拌均匀，煮至面条吸收汤汁，撒上剩余的帕玛森干酪粉即可出锅。

意式风味牛排

牛肉搭配酱料食用更加可口。这里我向大家介绍的是用巴萨米克醋和红酒等熬制的意式风味酱料，它酸甜可口，最适合与牛排搭配，能为牛排增添不少风味。

原料

厚约 2 cm 的牛大里脊肉（或牛小里脊肉）300~400 g，西蓝花 50 g，杏鲍菇 1 个，洋葱 ½ 个，橄榄油 1 汤匙，盐少许，黑胡椒粉少许

腌料

橄榄油 2 汤匙，粗盐 ½ 汤匙，迷迭香（或百里香）少许，黑胡椒粉 ⅓ 茶匙

酱料

巴萨米克醋 ½ 杯，红酒 ½ 杯，黄油 1 汤匙，整粒芥末籽酱 1 茶匙

做法

❶ 将腌料原料混合均匀，涂抹在牛肉上，再将牛肉放入冰箱冷藏室腌 1 小时以上。

❷ 西蓝花去梗，切小朵，用加了盐的沸水焯一下。杏鲍菇和洋葱切小块。

❸ 用韩式铸铁锅将牛肉烤至喜欢的熟度。

❹ 将红酒倒在另一口锅中煮沸。

❺ 在红酒中加巴萨米克醋和整粒芥末籽酱，搅拌均匀，小火煮沸后放入黄油煮至熔化，将熬好的酱料盛出备用。

❻ 热锅，倒橄榄油，放入步骤 2 中处理好的原料炒熟，用少许盐和黑胡椒粉调味后盛出，同牛排一起装盘，将酱料淋在牛排上。

番茄炖牛肉

做番茄炖牛肉时，请选用有韧性的牛臀肉。这道菜可以单独吃，也可以搭配面包或米饭食用。如果加一勺辣椒粉，这道菜就能拥有匈牙利经典菜肴“烩牛肉”的鲜辣风味。

原料

牛臀肉 300 g，洋葱 1 个，胡萝卜 1 根，红甜椒 1 个，番茄丁 1 罐（400 g），黄油 2 汤匙，面粉 2 汤匙，蒜末 1 茶匙，辣酱油 1 茶匙，月桂叶 1 片，水 3 杯，盐 1 茶匙，黑胡椒粉 1/4 茶匙

做法

❶ 牛臀肉切小块。

❷ 洋葱、胡萝卜和红甜椒切小块。

❸ 将黄油放在锅中熔化，放入蒜末和牛臀肉翻炒，用盐和黑胡椒粉调味。

❹ 待牛臀肉表面变色，加入面粉，翻炒。

❺ 放入洋葱、红甜椒和胡萝卜翻炒。

❻ 放入水、番茄丁、辣酱油和月桂叶，小火炖 1 小时左右，待牛肉变软即可出锅。

黄瓜炒牛肉

黄瓜一般用来凉拌，这里的黄瓜则用来炒。将黄瓜用盐腌一下，挤干水后再炒，黄瓜清脆可口，整道菜别有一番风味。黄瓜炒牛肉营养均衡，特别适合孩子食用。

原料

牛臀肉 100 g，黄瓜 1 根，粗盐 1 汤匙，芝麻盐 1 汤匙，苏子油 1 茶匙，汤用酱油 ½ 茶匙

腌料

蒜末 1 茶匙，料酒 1 茶匙，生抽 ½ 茶匙，黑胡椒粉少许

做法

❶ 牛臀肉切丝，用腌料腌 20 分钟。

❷ 黄瓜切片，用粗盐腌 10 分钟。

❸ 将黄瓜用冷水冲洗干净，并用棉布挤出黄瓜中的水。

❹ 牛臀肉入锅翻炒。

❺ 炒至牛肉变色，放入黄瓜翻炒。

❻ 炒至黄瓜变透明，用汤用酱油调味，淋上苏子油，撒上芝麻盐，翻炒均匀。

柚子酱糯米煎牛肉

牛肉中肉质最硬的是牛臀肉，但我们如果采用合适的烹饪方法，也可以让它变得软嫩。糯米煎牛肉香脆可口，比糖醋牛肉味道还好，搭配凉拌韭菜和酸酸甜甜的柚子酱，堪称一绝。这道菜可以作为家宴上的菜肴。

原料

牛臀肉 150 g，糯米粉 1 杯，食用油 3 汤匙

腌料

生抽 ½ 汤匙，料酒 1 茶匙，白糖 1 茶匙，芝麻油 1 茶匙，黑胡椒粉少许

酱料

柚子酱 2 汤匙，白糖 ½ 汤匙，水 1 汤匙，食醋 ½ 汤匙

凉拌韭菜

韭菜 1 把（20 g），洋葱 ⅓ 个，食醋 ½ 汤匙，白糖 ½ 汤匙，芥末酱 1 茶匙，芝麻油 1 茶匙，白芝麻 1 茶匙，盐少许

做法

❶ 牛臀肉稍微冷冻一下，切薄片，用腌料腌 20 分钟。

❷ 牛臀肉两面都蘸上糯米粉。

❸ 热锅，倒食用油，放入牛臀肉煎熟，盛出。

❹ 将酱料原料全部放在汤锅中，大火煮沸后，转小火煮 1 分钟左右，盛出。

❺ 将煎好的牛臀肉装盘，淋上酱料。韭菜切段（每段长 4 cm），洋葱切丝，加入其余的原料，搅拌均匀，凉拌韭菜就做好了。

蔬菜炖牛腱

大家都爱吃排骨，但啃骨头比较麻烦，所以排骨不太适合孩子吃。用牛腱子芯也能做出炖排骨的味道，牛腱子芯特有的筋道口感令人回味无穷。

原料

牛腱子芯 300 g，白萝卜 1/6 根，胡萝卜 1 根，洋葱 1 个，南瓜 1/4 个

炖料

生抽 1/2 杯，水 2 杯，洋葱汁 3 汤匙，白糖 3 汤匙，葱末 2 汤匙，料酒 2 汤匙，蒜末 1 汤匙，姜汁 1/2 汤匙，芝麻油 1 茶匙，黑胡椒粉 1/4 茶匙

做法

❶ 将牛腱子芯放在冷水中浸泡 1 小时左右，其间换 3~4 次水以去除肉中的血水。

❷ 将洗净的牛腱子芯切小块。

❸ 南瓜去皮去子后切小块，白萝卜、胡萝卜和洋葱切小块。

❹ 将炖料原料全部放在碗中，搅拌均匀。

❺ 将牛肉、蔬菜和炖料一起放在锅中，小火慢炖 30 分钟左右。

苹果丝佐牛肉

在某些特别的日子里，我会做这道全家人都喜欢吃的菜。不用虾酱或萝卜丝，而用孩子喜欢的苹果来搭配牛肉。牛肉与散发清香的苹果搭配，味道堪称完美。

原料

牛腱子芯 200 g，苹果 1 个，黄瓜 1/2 根，扁桃仁 1 汤匙，白糖 1 汤匙，水 1 杯

炖料

大葱 1/2 根，大蒜 3 瓣，黑胡椒粒 1/2 茶匙

酱料

柠檬汁 1 汤匙，蜂蜜 1/2 汤匙，食醋 1 茶匙，盐 1/3 茶匙

做法

❶ 将牛腱子芯放在冷水中浸泡 30 分钟，去除肉中的血水后捞出，用干净的棉线捆绑结实。

❷ 将牛腱子芯放在汤锅中，倒入足以没过牛腱子芯的水，放入炖料，炖 1 小时以上。

❸ 将煮熟的牛腱子芯捞出，放凉，去线，切片。

❹ 苹果切条，取 1 杯水和 1 汤匙白糖混合成糖水，将苹果条放在糖水中浸泡 10 分钟以上。

❺ 黄瓜切条。

❻ 扁桃仁切片；把黄瓜、苹果、扁桃仁片和酱料放在一个大碗中，搅拌均匀，搭配牛肉食用即可。

肥牛大酱汤

大酱汤经常出现在烤肉店的菜单上。海鲜大酱汤固然味道鲜美，但肥牛大酱汤味道更浓郁，孩子非常喜欢吃。最好选用脂肪厚实的牛肉，这样做出的大酱汤更加可口。

原料

牛前胸肉（或牛腩）100 g，鳀鱼汤 2 杯，西葫芦 1/3 根，洋葱 1/2 个，香菇 1 朵，豆腐 1/2 块（150 g），大酱 2 汤匙

做法

❶ 西葫芦、洋葱、香菇和豆腐切小块。

❷ 牛前胸肉切片，放在锅中炒熟。

❸ 加入鳀鱼汤，煮沸后加入大酱。

❹ 加入西葫芦、洋葱和香菇，煮 10 分钟以上。

❺ 最后放入豆腐，煮熟即可。

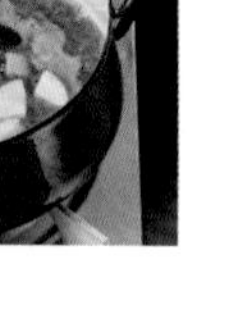

小贴士

鳀鱼汤

在锅中放 10 条鳀鱼，干炒 1 分钟后加 4 杯水，大火煮沸，转中火继续煮 30 分钟左右，过滤掉鳀鱼即可。

宫廷炒年糕

不辣的宫廷炒年糕是孩子喜欢的菜肴。牛肉搭配蔬菜和筋道的年糕，别有一番风味。做这道菜时，还可以放一些孩子不喜欢吃的蔬菜。

原料

牛嫩肩肉 100 g，年糕条 300 g，洋葱 1/2 个，红甜椒 1/2 个，黄甜椒 1/2 个，香菇 2 朵，食用油 2 汤匙，白芝麻 1 汤匙，芝麻油 1 茶匙

拌料

生抽 1 汤匙，芝麻油 1 汤匙

腌料

生抽 1 汤匙，白糖 1 汤匙，料酒 1/2 汤匙，蒜末 1 茶匙，芝麻油 1 茶匙，黑胡椒粉少许

做法

❶ 牛嫩肩肉横切成丝。

❷ 年糕条和拌料搅拌均匀。

❸ 洋葱、红甜椒和黄甜椒切丝，香菇切片。

❹ 牛肉、香菇和腌料搅拌均匀，腌 10 分钟左右。

❺ 热锅，倒食用油，加入洋葱、红甜椒和黄甜椒翻炒。

❻ 炒至洋葱变透明，加入牛肉和香菇翻炒。炒至肉变色，放入年糕条翻炒，全部炒熟后淋上芝麻油、撒上白芝麻即可。

蔬菜炒牛肉丁

蔬菜炒牛肉丁做法非常简单。将牛肉和蔬菜切小块，吃起来比较方便。这是一道营养丰富的美食。

原料

牛嫩肩肉 300 g，洋葱 1/2 个，红甜椒 1/2 个，青椒 1/2 个，杏鲍菇 1 个，黄油 1 汤匙

腌料

橄榄油 2 汤匙，盐 1/2 汤匙，黑胡椒粉 1/4 茶匙

炒料

A1 牛排酱 2 汤匙，番茄酱 1 汤匙

做法

❶ 牛嫩肩肉切丁，用腌料腌 20 分钟。

❷ 洋葱、红甜椒、青椒和杏鲍菇切块。

❸ 热锅，熔化黄油，放入牛肉翻炒。

❹ 炒至牛肉变色，放入洋葱、红甜椒、青椒和杏鲍菇翻炒。

❺ 炒至洋葱变透明，放入炒料。

❻ 翻炒均匀即可出锅。

油菜炒牛肉

大火爆炒油菜，淋一点儿蚝油，轻轻松松就能做出一道味美的清炒油菜。在油菜里放一些牛肉则味道更好。色泽鲜艳的油菜使整道菜看上去非常诱人。

原料

上脑边 200 g，油菜 2 棵，蒜末 1 汤匙，蚝油 1 汤匙，食用油 1 汤匙，芝麻油 1 茶匙

腌料

橄榄油 1 汤匙，盐 1 茶匙，黑胡椒粉少许

做法

❶ 上脑边切片，用腌料腌 20 分钟。

❷ 油菜去根，对半竖切，洗净。

❸ 上脑边入锅炒熟，盛出备用。

❹ 热锅，倒食用油，放入蒜末，闻到蒜香后放入油菜，大火翻炒。

❺ 炒至油菜断生，放入上脑边，淋蚝油和芝麻油，翻炒片刻即可出锅。

①

②

③

④

⑤

烤 LA 牛排

在节日和一些特殊的日子里，我一定会做烤 LA 牛排。做这道菜我从未失手。先用腌料将 LA 牛排腌一天左右，再用小火将其烤熟即可。这是一道做起来比想象的更易上手的菜肴。

原料

LA 牛排 1 kg

腌料

生抽 5 汤匙，洋葱碎 4 汤匙，梨汁 4 汤匙，白糖 3 汤匙，葱末 2 汤匙，蒜末 1 汤匙，蜂蜜 1 汤匙，黑胡椒粉 1/4 茶匙

做法

❶ 将 LA 牛排放在冷水中浸泡 30 分钟以上以去除血水，取出，擦干表面的水。

❷ 将腌料原料混合均匀。

❸ 在保鲜盒底部铺一层腌料，码好 LA 牛排，再铺一层腌料。

❹ 将保鲜盒放入冰箱冷藏室一天左右，取出 LA 牛排后用韩式铸铁锅烤熟即可。注意，要用小火烤，以防烤煳。

①

②

③

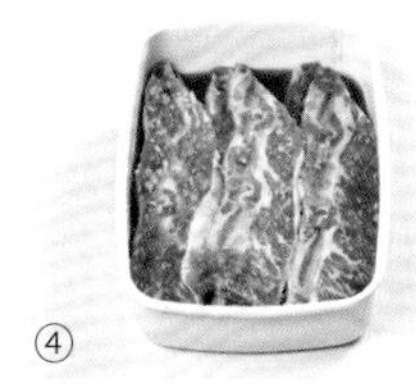
④

小贴士

LA 牛排和普通牛肋排的区别是什么?

LA 牛排是用肋排切割机切割的牛肋排。与美国等地的 LA 牛排不同的是，韩国的 LA 牛排更薄，而且露出了骨头的断面。

生菜包牛肉

坚果营养丰富，是给孩子做饭时常用的重要食材，可以和牛肉搭配。今天我们就来做一道添加了坚果的菜吧。虽然使用了辣椒酱，但用生菜包起来食用可以减轻这道菜的辣味。如果孩子吃不了辣，可以用生抽代替辣椒酱，将生抽的用量增至现在用量的 1½ 倍即可。

原料

牛嫩肩肉 150 g，生菜叶 10 片，青椒 1 个，洋葱 ⅓ 个，葵花子仁 2 汤匙，南瓜子仁 2 汤匙，食用油 1 汤匙

腌料

辣椒酱 1 汤匙，白糖 ⅔ 汤匙，生抽 ½ 汤匙，蜂蜜 ½ 汤匙，料酒 ½ 汤匙，蒜末 1 茶匙，芝麻油 1 茶匙

做法

❶ 每片生菜叶撕成 2~3 块，洗净，沥干。

❷ 牛嫩肩肉切小块。

❸ 用腌料将牛嫩肩肉腌 10 分钟左右。

❹ 青椒和洋葱切小块。

❺ 热锅，倒食用油，放入洋葱和青椒翻炒。炒至洋葱变透明，放入牛嫩肩肉，炒熟。

❻ 放入葵花子仁和南瓜子仁，翻炒片刻，出锅，用生菜叶包好食用即可。

蒙古牛肉

在家里也能品尝到原本在铁板烧餐厅才能吃到的蒙古牛肉。把各种蔬菜和牛肉一起翻炒，味道非常好。

原料

上脑边 200 g，油菜 2 棵，红甜椒 ½ 个（可选），黄甜椒 ½ 个（可选），洋葱 ½ 个，绿豆芽 100 g，水淀粉（淀粉和水的比例为 1:1）2 汤匙，食用油 2 汤匙，黑胡椒粉少许

腌料

生抽 1 汤匙，料酒 ½ 汤匙，蒜末 1 茶匙，黑胡椒粉少许

炒料

蚝油 1 汤匙，生抽 1 汤匙，红糖 1 汤匙，芝麻油 1 茶匙，黑胡椒粉少许

做法

❶ 上脑边切厚片，用腌料腌 20 分钟左右。

❷ 油菜去根，横向一切为二；红甜椒、黄甜椒和洋葱切小块。

❸ 热锅，倒食用油，放入上脑边，大火翻炒。

❹ 炒至上脑边变色，放入红甜椒、黄甜椒和洋葱翻炒。

❺ 炒至洋葱变透明，放入油菜、绿豆芽和炒料继续翻炒。

❻ 倒入水淀粉，翻炒几下，用黑胡椒粉调味即可。

①

②

③

④

⑤

⑥

蔬菜牛肉卷

蔬菜牛肉卷不仅色泽诱人，而且味道绝佳。试着和孩子一起来做这道菜吧。让孩子自己挑选喜欢的蔬菜的话，他们会吃得更香。

原料

牛肉片 150 g，红甜椒 ½ 个，黄甜椒 ½ 个，金针菇 50 g，韭菜 20 g

腌料

芝麻油 ½ 汤匙，盐 1 茶匙，黑胡椒粉少许

炒料

生抽 1 汤匙，蜂蜜 1 汤匙，白芝麻 1 汤匙，芝麻油 1 茶匙，水 2 汤匙

做法

❶ 韭菜切段，红甜椒、黄甜椒和金针菇切成相同长度的丝。

❷ 将牛肉片放在厨房纸巾上，吸干表面的血水后用腌料腌 20 分钟。腌好后，在每片牛肉片上放适量的红甜椒、黄甜椒、金针菇和韭菜，卷好。

❸ 将牛肉卷放在平底锅中，小火慢煎。

❹ 煎至牛肉卷快熟，倒入混合均匀的炒料，轻轻翻炒至全熟即可出锅。

①

②

③

④

土豆炖牛肉

这是一道用土豆、牛肉和白萝卜等做出的色香味俱全的日式料理。

原料

牛肉片 150 g，土豆 2 个，洋葱 1/2 个，熟白萝卜适量，熟豆角适量，昆布汤（第 68 页）1/3 杯，生抽 3 汤匙，白糖 2 汤匙，料酒 2 汤匙，食用油 1 汤匙，黑胡椒粉少许

做法

❶ 用厨房纸巾吸干牛肉片表面的血水，并用黑胡椒粉调味。

❷ 每个土豆切成 6~8 块，放在水中浸泡，去除部分淀粉后捞出；洋葱切丝。

❸ 热锅，倒食用油，放入牛肉和洋葱翻炒。

❹ 炒至牛肉变色，放入土豆翻炒。

❺ 加入昆布汤、生抽、白糖和料酒，小火炖 20 分钟左右。

❻ 土豆炖烂后，放入熟白萝卜和熟豆角，再煮 3 分钟即可。

小贴士

昆布汤

将4杯冷水和1张昆布（10 cm×10 cm）一起放在锅中，静置半小时后炖煮，煮沸后立即捞出昆布。待汤冷却，把昆布放回锅中浸泡1小时左右，再次捞出昆布，将汤过滤干净即可。

咖喱乌冬面

做乌冬面时放一些咖喱粉，味道如何？这是我在日本尝过的一道美食。让我们用这道加了牛肉的乌冬面馋一馋孩子吧。

原料

牛肉片 150 g，乌冬面 400 g（2 人份），咖喱粉 80 g，洋葱 1 个，食用油 2 汤匙，昆布汤 4 杯，盐 ⅓ 茶匙，黑胡椒粉少许

做法

❶ 用厨房纸巾吸干牛肉片表面的血水，然后用盐和黑胡椒粉腌 20 分钟。

❷ 洋葱切丝。

❸ 热锅，倒食用油，放入牛肉和洋葱翻炒。

❹ 炒至牛肉变色，倒入昆布汤。

❺ 煮沸后撇去浮沫，加入咖喱粉，搅拌均匀。

❻ 另起锅，将乌冬面煮熟后捞出，盛在碗中，把步骤 5 中的咖喱牛肉浇在乌冬面上即可。

番茄牛肉沙拉

牛肉炒熟放凉后用来做沙拉，味道很不错。番茄的色泽能刺激孩子的食欲，香喷喷的芝麻沙拉酱也能让孩子胃口大开。

原料

牛肉片 200 g，番茄 2 个，洋葱 ½ 个，芽苗菜 100 g

腌料

料酒 1 汤匙，盐 ½ 茶匙，黑胡椒粉少许

芝麻沙拉酱

蛋黄酱 5 汤匙，芝麻碎 2 汤匙，白糖 2 汤匙，生抽 ½ 汤匙，食醋 ½ 汤匙，葡萄籽油 2 汤匙

做法

❶ 把牛肉片用腌料腌 20 分钟。热锅，放入牛肉片炒熟。

❷ 牛肉片过冷水，沥干。

❸ 番茄切厚片，洋葱切丝。

❹ 将芝麻沙拉酱原料混合均匀。

❺ 将芽苗菜洗净，用厨房纸巾擦干表面的水。将芽苗菜、番茄、洋葱和牛肉装盘，搭配芝麻沙拉酱食用。

①

②

③

④

⑤

蔬菜炒牛皱胃

牛皱胃口感筋道但不难嚼，且让人意外的是，许多孩子喜欢吃牛皱胃。蔬菜炒牛皱胃味道非常棒。

原料

牛皱胃 200 g，洋葱 ½ 个，胡萝卜 ½ 根，韭菜 1 把（20 g），白芝麻 ½ 汤匙，芝麻油 1 茶匙，食用油 2 汤匙

腌料

生抽 1 汤匙，料酒 1 汤匙，蒜末 1 茶匙，盐 1 茶匙，黑胡椒粉少许

做法

❶ 将牛皱胃横切成条，用腌料腌 20 分钟。

❷ 洋葱和胡萝卜切丝，韭菜切段。

❸ 热锅，倒食用油，放入牛皱胃、洋葱和胡萝卜，大火翻炒。

❹ 炒至牛皱胃快熟，放入韭菜继续翻炒。

❺ 全部炒熟后，淋上芝麻油，撒上白芝麻即可出锅。

①

②

③

④

⑤

千层牛肉火锅

如果全家人想围坐在一起享用美味，那么可以准备这道千层牛肉火锅。这道火锅味道鲜美，看上去也令人赏心悦目，可谓色香味俱全。

原料

牛肉片 200 g，白菜 ½ 棵（或白菜叶 10 片），平菇 100 g，紫苏叶 10 片，昆布汤 5 杯

芝麻酱

蛋黄酱 5 汤匙，芝麻碎 2 汤匙，白糖 2 汤匙，水 2 汤匙，生抽 ½ 汤匙，食醋 ½ 汤匙

做法

❶ 将所有芝麻酱原料混合均匀。

❷ 白菜去根，叶子一片片摘下；紫苏叶去茎，竖切成两半。

❸ 把紫苏叶放在白菜叶上，再放上牛肉片。

❹ 按照 1 片白菜叶、1 片紫苏叶和 1 片牛肉的顺序叠放，一共叠放 10 层。

❺ 将叠放好的原料切成 3~4 份。

❻ 放在锅中码好。

❼ 在上面放平菇。

❽ 倒入昆布汤，煮沸后关火，蘸芝麻酱吃即可。

第二部分

猪肉类菜肴

与牛瘦肉相比，猪瘦肉中蛋白质和维生素 B_1 的含量更高，
猪肉是孩子在成长期不可或缺的食材。

按瘦肉含量排序：里脊肉 > 梅花肉 > 后腿肉 > 前腿肉 > 五花肉

在韩国，五花肉和梅花肉是猪肉中最受欢迎的肉，其次是排骨和前腿肉。其中五花肉和前腿肉的瘦肉含量较低，价格比其他部位的猪肉的高。

猪肉烹饪小贴士

与牛肉相比，猪肉的脂肪含量更高，且猪肉的脂肪有一股特殊的腥气。烹饪前用姜、洋葱和蒜等将猪肉腌一下，可减少肉腥气。虽然新鲜的猪肉更好吃，但如果用对冷冻和解冻的方法，冷冻过的猪肉也能保持原汁原味。把用保鲜膜包裹着的冷冻猪肉放入冰箱冷藏室，是首选的解冻方法。如果想烤五花肉吃，注意不要把肉切得太厚，最重要的是烤肉时要翻面。

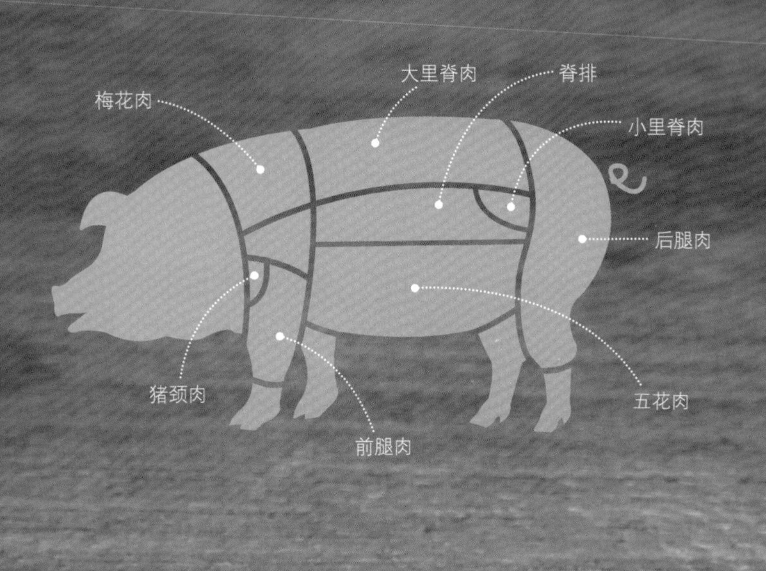

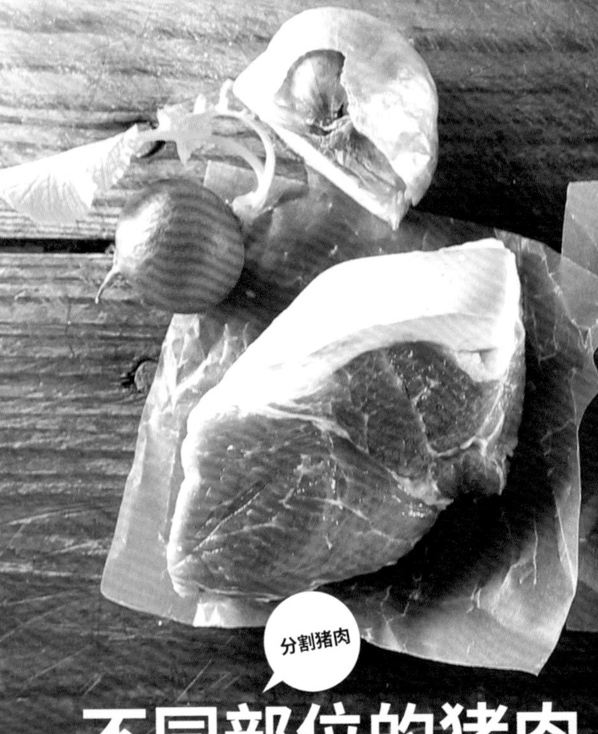

分割猪肉

不同部位的猪肉

参考《韩国食物成分表（标准版）第 9 版》，蛋白质含量和热量均为 100 g 猪肉的含量

前腿肉

蛋白质含量：20.56 g
热量：151 千卡
烹饪方法：卤、烤、煮（煲汤）

猪前腿肉脂肪少，肌肉多，有韧性，经常用于做卤菜或炖汤。由于肉质鲜美，即使只加盐烤着吃，味道也很好。前腿肉经过长时间的烹饪，脂肪才能熔化，肉的口感才会变得清淡。烹饪前要将肉中多余的脂肪和坚韧的筋膜去除。

［重点］去除多余的脂肪。

擦干前腿肉表面的血水后，将多余的脂肪去除，这样烹饪后肉的味道更清淡。

后腿肉

蛋白质含量：21.30 g
热量：113 千卡
烹饪方法：煮、烤、炖

后腿是猪身上运动量较大的部位，肉厚，脂肪少，味道比较清淡，经常用来做调味猪肉（第 86 页）或炖汤。与直接烤相比，腌一下再烤可以使猪后腿肉中汁液的损失最小化，这是烹饪猪后腿肉的关键。

［重点］用腌料腌一会儿。

提前腌一下，能使后腿肉的口感变得柔嫩。

小里脊肉

蛋白质含量：22.21 g
热量：114 千卡
烹饪方法：烤、炒、炖、炸

小里脊肉是位于猪脊椎骨内侧的瘦肉。由于肉嫩，容易切散，最好是在有需求，比如做什锦炒肉时购买。与其他部位的猪肉相比，小里脊肉颜色更深，脂肪含量更低，是减肥食谱中常见的食材。

［重点］横切。

小里脊肉是瘦肉，横切能斩断肉的纤维，使肉的口感更柔嫩。

大里脊肉

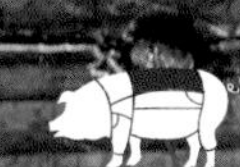

蛋白质含量：24.03 g
热量：125 千卡
烹饪方法：烤、炒、煮、炸

大里脊肉是猪背部的肉，颜色较浅，脂肪少，蛋白质含量高。大里脊肉肉质柔嫩，口感也不错，但切太厚会导致肉在烹饪过程中表层过硬，所以烤或炸之前，要捶打肉，使其变松软。

［重点］用肉锤捶打或用刀背敲打使肉变松软。

烤或炸之前，用肉锤捶打或用刀背敲打大里脊肉，使其变松软。

五花肉

蛋白质含量：13.27 g
热量：373 千卡
烹饪方法：烤、煮、熏

五花肉是最受欢迎的烧烤用肉。五花肉位于猪的腹部，肥瘦相间。它脂肪含量高，味道很好，经常用来做烤肉。购买五花肉时，应选择肥瘦均匀的肉。脂肪过多的肉在烤时会流出很多油，我们最好提前去掉部分脂肪再烤。

【重点】五花肉较厚时应切花刀。

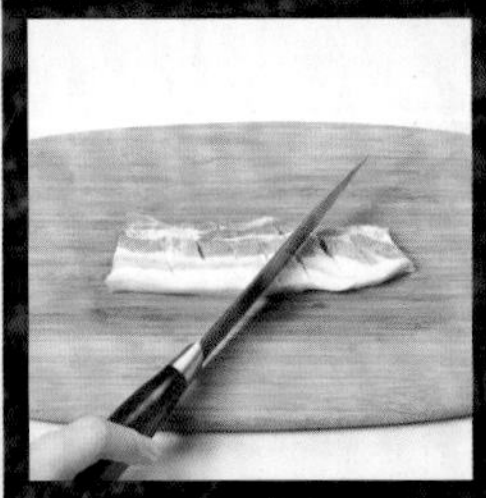

如果五花肉太厚，先切花刀再烹饪，这样肉更容易熟。

梅花肉

蛋白质含量：17.21 g
热量：214 千卡
烹饪方法：烤、煮

梅花肉是猪身上品质非常高的一块肉。它位于肩胛靠近大里脊肉的部位，虽然脂肪含量比五花肉的低，但脂肪分布均匀，是除五花肉以外最受欢迎的烧烤用肉。我们只有将梅花肉切厚片烹饪，才能真正品尝到其风味。

【重点】腌梅花肉时应切花刀。

烹饪梅花肉时，先切花刀再腌是使肉味道更鲜美的关键。腌料通过刀留下的切口渗入肉中，肉才更入味。

猪颈肉

蛋白质含量：17.98 g
热量：291 千卡
烹饪方法：烤、煮

一头猪身上的猪颈肉只有 600 g 左右，因此猪颈肉非常珍贵。猪颈肉肌肉和脂肪连接紧密，口感很好，是备受人们喜爱的烧烤用肉。猪颈肉具有明显的大理石花纹，口感柔嫩且不失韧性，适合孩子食用。猪颈肉也被称为“千层肉”。

【重点】顺着纹理切。

如果想煮着吃，应顺着纹理切。如果想烤着吃，先将整块猪颈肉烤熟，再切成适口大小，这样可以品尝到丰富的汁液。

脊排

蛋白质含量：17.88 g
热量：224 千卡
烹饪方法：烤、炖

脊排肉是瘦肉，位于猪的腹部，紧挨着五花肉。每头猪的脊排大概有 1.2 kg，用脊排做的菜散发着猪骨的香气，令人回味无穷。烹饪前应去除脊排的筋膜。脊排特别受孩子的喜爱。

【重点】将脊排浸泡在冷水中以去除血水。

将脊排放在冷水中浸泡 1~2 小时，去除血水后，根据用途分情况保存。

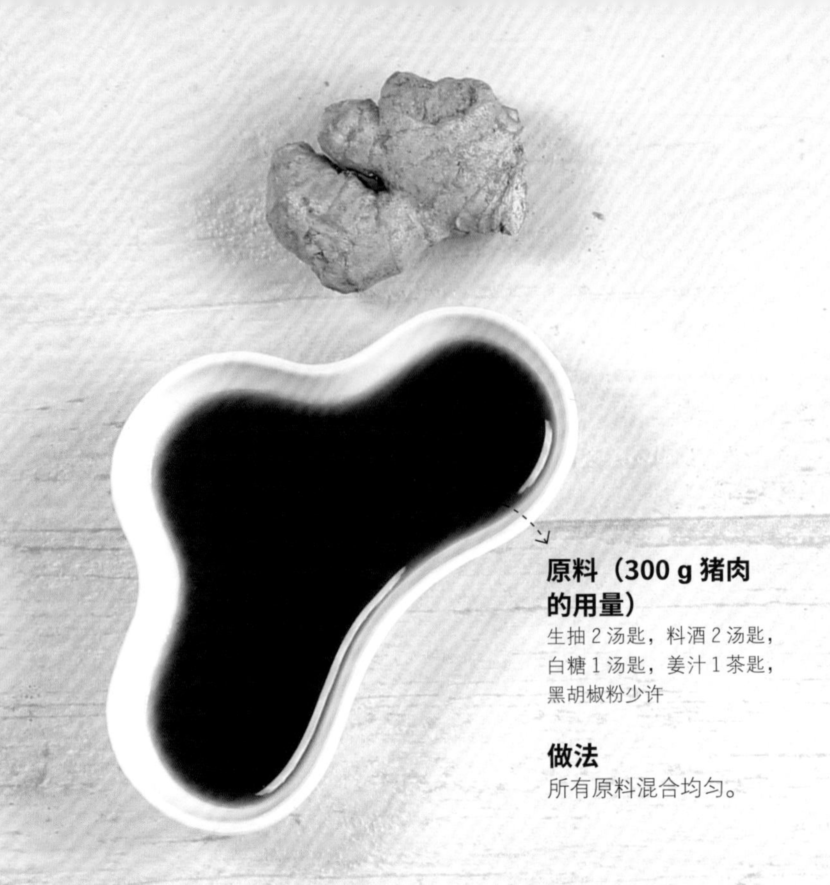

原料（300 g 猪肉的用量）

生抽 2 汤匙，料酒 2 汤匙，白糖 1 汤匙，姜汁 1 茶匙，黑胡椒粉少许

做法

所有原料混合均匀。

基础酱料

在做猪肉类菜肴时，酱料十分重要，因为猪肉的脂肪具有特殊的腥气。只有用酱料去除猪肉的腥气，我们才能更好地品尝各式各样的猪肉类菜肴的风味。

生姜酱油汁

生姜自身的香气能激发人的食欲，所以生姜酱油汁既能去除猪肉的腥气，又能为猪肉增添香气。生姜做熟后辣味减轻，我们在为孩子做饭时最好将生姜切成薄片。如果不想吃到生姜，可以使用姜汁或姜酒。

小贴士

做姜酒

生姜切片，放在容器中，按照 1 ∶ 1 的比例往容器中倒清酒，密封保存一周即可使用。

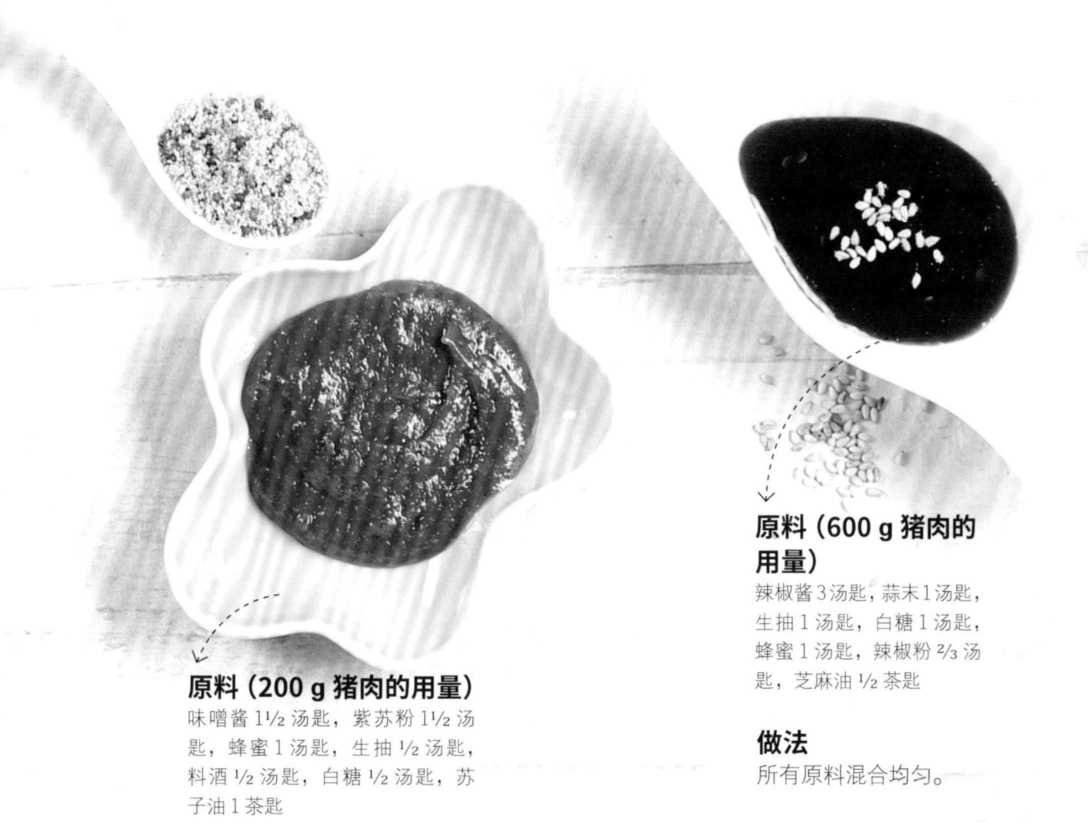

原料（200 g 猪肉的用量）
味噌酱 1½ 汤匙，紫苏粉 1½ 汤匙，蜂蜜 1 汤匙，生抽 ½ 汤匙，料酒 ½ 汤匙，白糖 ½ 汤匙，苏子油 1 茶匙

做法
所有原料混合均匀。

味噌紫苏酱

猪肉非常适合与各种酱料搭配，但是外面的酱料千篇一律，我们总有吃腻的一天。这款味噌紫苏酱主要是用日式味噌酱和香喷喷的紫苏粉做的，我们可以在炒肉或烤肉时使用。

小贴士
味噌酱和紫苏粉的比例为 1 ∶ 1
做味噌紫苏酱时，请务必保证味噌酱和紫苏粉的比例为 1 ∶ 1。这款味噌紫苏酱中添加了苏子油，因此非常适合用于做凉拌菜。

原料（600 g 猪肉的用量）
辣椒酱 3 汤匙，蒜末 1 汤匙，生抽 1 汤匙，白糖 1 汤匙，蜂蜜 1 汤匙，辣椒粉 ⅔ 汤匙，芝麻油 ½ 茶匙

做法
所有原料混合均匀。

辣酱

辣酱经常用于做猪肉类菜肴。由于辣酱的保质期较长，可一次性多做一些，放入冰箱冷藏保存。在辣酱中加一些蜂蜜（或梅子汁），既能使辣酱的味道更丰富，又能减少猪肉的腥气。

小贴士
在辣酱中添加苹果汁
给孩子做辣酱时，应少放辣椒酱，多放苹果汁。这样用它做猪肉类菜肴的话，菜也变得酸酸甜甜的，更受孩子喜欢。

基础菜肴和升级菜肴

猪排

市面上销售的炸猪排，裹的面粉比猪肉还厚，我们很容易吃腻。可以自己动手做炸猪排，将猪大里脊肉片处理后冷冻保存，想吃时拿出来炸熟即可。每块猪排的最外面都裹了一层面包糠，为防止粘连，可用保鲜膜或油纸将其分别密封后保存。冷冻保存的话，保质期为一个月左右。用食用油炸猪排时，锅里油的深度需超过猪排厚度的一半。

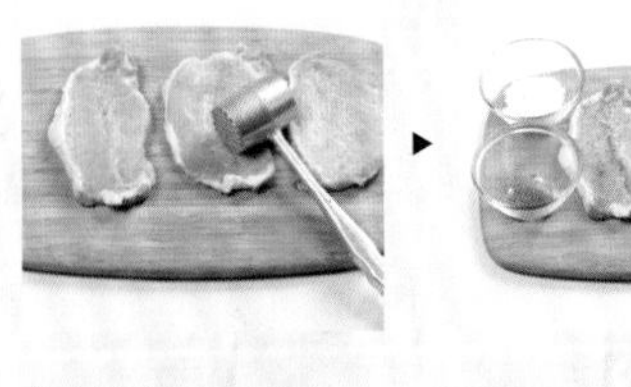

原料（4 人份） 猪大里脊肉 6 片（600 g），鸡蛋 2 个，面包糠 2 杯，面粉 ½ 杯，盐 1 茶匙，黑胡椒粉 ¼ 茶匙

做法

1. 用刀背或肉锤将猪大里脊肉敲或捶成扁平状。
2. 用盐和黑胡椒粉将猪大里脊肉腌 20 分钟。
3. 鸡蛋打散，依次给每片猪大里脊肉裹上面粉、蛋液和面包糠。
4. 用保鲜膜或油纸将做好的猪排分别裹严实，放入冰箱冷冻保存。

〔猪排〕

升级菜肴　　升级菜肴　　升级菜肴

炸猪排盖饭

炸猪排非常下饭，用炸猪排、自制汤汁和其他食材做好浇头，浇在米饭上，一道炸猪排盖饭就完成了。用吃剩的炸猪排做炸猪排盖饭是个不错的选择。

炸猪排沙拉

这道沙拉中有可口的炸猪排和新鲜的蔬菜。五颜六色的蔬菜令人赏心悦目。如果不喜欢蔬菜，可用水果代替蔬菜。

炸猪排三明治

把炸猪排夹在切片面包里，就做出了一份与众不同的三明治。可根据孩子的喜好在三明治里夹一些蔬菜。

炸猪排盖饭

原料（2 人份） 冷冻猪排 2 块（200 g），米饭 2 碗，洋葱 ½ 个，鸡蛋 1 个，葱花 1 汤匙，食用油适量，海苔少许，鲣节汤（第 150 页）½ 杯，生抽 1 汤匙，料酒 1 汤匙，白糖 1 茶匙

做法

1. 提前取出冷冻猪排解冻。热锅，倒适量食用油，放入猪排炸熟，取出，切成适口大小。
2. 洋葱切丝。
3. 另起锅，将鲣节汤、生抽、料酒和白糖放在锅中，大火煮沸。
4. 放入洋葱和炸猪排，小火煮 2 分钟左右。
5. 鸡蛋打散，倒在锅中，煮熟后关火，将做好的浇头浇在米饭上。
6. 海苔切丝，和葱花一起撒在盖饭上。

炸猪排沙拉

原料（2 人份） 冷冻猪排 2 块（200 g），生菜（或卷心菜）⅛ 棵，樱桃番茄 10 个，芽苗菜 1 把，食用油适量，昆布汤 ½ 杯，生抽 3 汤匙，白糖 3 汤匙，柠檬汁 2 汤匙，洋葱碎 1 汤匙，食醋 1 汤匙

做法

1. 提前取出冷冻猪排解冻。热锅，倒适量食用油，放入猪排炸熟，取出，切条。
2. 生菜撕成适口大小，樱桃番茄对半切开。
3. 将昆布汤、生抽、白糖、柠檬汁、洋葱和食醋混合均匀，调出沙拉酱。
4. 将生菜、樱桃番茄、炸猪排和芽苗菜装盘，淋上沙拉酱即可食用。

炸猪排三明治

原料（2 人份） 冷冻猪排 2 块（200 g），切片面包 4 片，猪排酱 2 汤匙，蛋黄酱 2 汤匙，食用油适量

做法

1. 提前取出冷冻猪排解冻。热锅，倒适量食用油，放入猪排炸熟，取出。
2. 取 2 片切片面包，分别在一面均匀涂抹蛋黄酱。
3. 分别在另外 2 片切片面包的一面均匀涂抹猪排酱。
4. 分别用 1 片涂抹蛋黄酱和 1 片涂抹猪排酱的切片面包夹住 1 块炸猪排，做出 2 份炸猪排三明治。

基础菜肴 2

调味猪肉

肉质柔嫩的前腿肉和脂肪少的后腿肉非常适合用辣酱腌制，做成调味猪肉。如果孩子不太能吃辣，可以在烹饪时放一些奶酪或蔬菜来减轻辣味，也可以在调辣酱时少放辣椒酱（或辣椒粉），多放生抽。

原料（4 人份） 猪前腿肉（或猪后腿肉）600 g，姜酒 1 汤匙，盐 ½ 茶匙，黑胡椒粉 ¼ 茶匙，辣椒酱 3 汤匙，蒜末 1 汤匙，生抽 1 汤匙，白糖 1 汤匙，蜂蜜 1 汤匙，辣椒粉 ⅔ 汤匙，芝麻油 ½ 茶匙

做法

1. 将猪前腿肉（或猪后腿肉）切小块。
2. 用姜酒、盐和黑胡椒粉将肉腌 20 分钟。
3. 先将辣椒酱、蒜末、生抽、白糖、蜂蜜、辣椒粉和芝麻油混合均匀，调出辣酱，再用辣酱将肉腌 1 小时以上。
4. 将做好的调味猪肉均分成 4 份，分别用保鲜袋密封后冷冻保存。

〔调味猪肉〕

升级菜肴

升级菜肴

升级菜肴

猪肉泡菜豆腐

将调味猪肉和泡菜一起炒熟，放在焯过的豆腐上，就做出了一道色香味俱全且营养丰富的美食。

蔬菜炒猪肉

将调味猪肉和各种蔬菜一起炒，味道非常好。当然，如果放一些鱿鱼或八爪鱼一起炒，味道也不错。加入蒸熟的卷心菜可以增加这道菜的甜味，减轻辣味。

猪肉黄豆芽盖饭

把炒熟的调味猪肉和蔬菜以及焯过的黄豆芽铺在米饭上，这道盖饭就做好了。黄豆芽的加入减轻了调味猪肉的辣味。

升级菜肴 2

猪肉泡菜豆腐

原料（2 人份） 冷冻调味猪肉 150 g，泡菜 1 杯，豆腐 1 块（300 g），食用油 1 汤匙，黑芝麻 ½ 汤匙，白糖 1 茶匙，芝麻油 1 茶匙，芽苗菜少许

做法

1. 提前取出冷冻调味猪肉解冻。
2. 挤干泡菜中的水后切丝。
3. 猪肉切丝。
4. 豆腐切厚块，用沸水焯 1 分钟。
5. 热锅，倒食用油，放入猪肉和泡菜，加入白糖翻炒，炒熟后淋上芝麻油。
6. 将步骤 5 中炒好的猪肉泡菜均分，分别放在每块豆腐上，最后分别撒上黑芝麻，放少量芽苗菜。

蔬菜炒猪肉

原料（2 人份） 冷冻调味猪肉 300 g，洋葱 ½ 个，西葫芦 ⅓ 根，胡萝卜 ⅓ 根，卷心菜 ¼ 棵，食用油 1 汤匙

做法

1. 提前取出冷冻调味猪肉解冻。
2. 洋葱切丝，西葫芦和胡萝卜切片。
3. 将卷心菜放在蒸锅里蒸 10 分钟左右。
4. 热锅，倒食用油，放入调味猪肉，大火翻炒。
5. 炒至猪肉变色，放入洋葱、西葫芦和胡萝卜翻炒，炒熟后，与卷心菜一起装盘。

猪肉黄豆芽盖饭

原料（2 人份） 冷冻调味猪肉 200 g，米饭 2 碗，黄豆芽 ½ 把（50 g），洋葱 ½ 个，胡萝卜 ⅓ 根，食用油 1 汤匙，芝麻油 1 茶匙

做法

1. 提前取出冷冻调味猪肉解冻。
2. 黄豆芽用沸水焯 3 分钟，捞出，沥干。
3. 洋葱和胡萝卜切丝。
4. 热锅，倒食用油，放入调味猪肉、洋葱和胡萝卜翻炒，炒熟后淋上芝麻油。
5. 把步骤 4 中炒好的菜和焯过的黄豆芽一起盖在米饭上。

煮脊排

脊排上的肉很容易与骨头分离，因此孩子特别喜欢吃脊排。提前将脊排煮熟，可以大大缩短烹饪时间。将煮熟的脊排冷冻保存，烹饪时提前取出解冻即可。

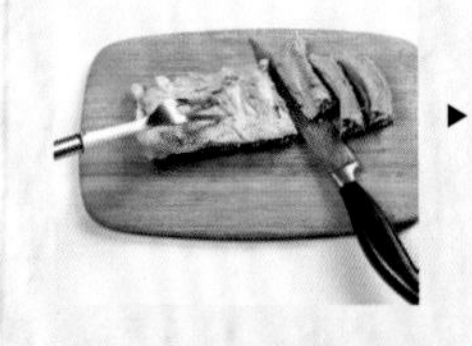

原料（4 人份） 脊排 1~1.2 kg，月桂叶 1 片，大蒜 3 瓣，黑胡椒粒 ½ 茶匙

做法

1. 将脊排放在冷水中浸泡 12 小时以去除血水；往锅中倒清水，加入脊排、月桂叶、大蒜和黑胡椒粒，大火煮沸。
2. 转小火煮 30 分钟，捞出脊排。
3. 过滤肉汤。
4. 将脊排沿着骨头切开，并分成 4 份。
5. 将脊排和肉汤分别密封，冷冻保存。

〔煮脊排〕

升级菜肴 升级菜肴 升级菜肴

泡菜炖脊排

即使是不喜欢泡菜的孩子也禁不住这道菜的诱惑。炖至与骨头完全分离的脊排肉非常软嫩，带着泡菜的香味，全家人都会喜欢这道菜的。

炸脊排

给脊排裹上淀粉，用油稍微炸一下，最后裹一层自制的酱料，这道菜就做好了。生脊排需要很长时间才能炸熟，使用熟脊排可以极大地缩短烹饪时间。

意式风味烧脊排

意式风味烧脊排味道如何？长时间炖煮使巴萨米克醋的酸味减轻，香气倍增，这样烧出的脊排才可口。建议你购买便宜的大瓶装巴萨米克醋。

泡菜炖脊排

原料（2 人份） 冷冻煮脊排 2 份，泡菜 ¼ 棵，冷冻肉汤 2 杯，蒜末 1 汤匙，玉筋鱼酱（或虾酱）1 汤匙

做法

1. 提前取出冷冻煮脊排和冷冻肉汤解冻。
2. 泡菜切段。
3. 将煮脊排、泡菜和肉汤放在锅中。
4. 放入蒜末和玉筋鱼酱（或虾酱），大火煮沸后转小火炖 20 分钟左右即可。

炸脊排

原料（2 人份） 冷冻煮脊排 2 份，淀粉 ½ 杯，葵花子仁（或南瓜子仁）½ 杯，食用油 5 杯，盐少许，黑胡椒粉少许，番茄酱 2 汤匙，蜂蜜 1 汤匙，白糖 1 汤匙，水 1 汤匙，生抽 ½ 汤匙

做法

1. 提前取出冷冻煮脊排解冻，擦干脊排表面的水，用盐和黑胡椒粉腌 20 分钟。
2. 给煮脊排裹上淀粉；热锅，倒食用油，油热后放入脊排炸 3 分钟左右即可出锅。
3. 另起锅，将番茄酱、蜂蜜、白糖、水和生抽混合均匀后倒在锅中，小火煮 1 分钟左右，制成酱。
4. 给炸好的脊排分别裹一层酱，撒上葵花子仁（或南瓜子仁）即可。

意式风味烧脊排

原料（2 人份） 冷冻煮脊排 2 份，巴萨米克醋 1 杯，蜂蜜 5 汤匙，猪排酱 3 汤匙，料酒 3 汤匙，蒜末 2 汤匙，白糖 2 汤匙，黑胡椒粉 ⅓ 茶匙，生抽 2 汤匙，食用油 2 汤匙

做法

1. 提前取出冷冻煮脊排解冻。
2. 将其余原料混合均匀，调出酱料。
3. 将脊排和酱料放在锅中，搅拌均匀，大火煮沸后转中火炖 30 分钟左右即可出锅。

卷心菜猪肉卷

这道菜又被称为“日式包菜卷”，顾名思义，是用卷心菜卷猪肉做成的。甘甜的卷心菜与猪肉、番茄酱搭配在一起，味道十分可口。

原料

猪肉糜 300 g，卷心菜 ½ 棵，洋葱 ½ 个，鸡蛋黄 1 个，番茄酱 1 杯，水 ½ 杯

腌料

蒜末 1 茶匙，料酒 1 茶匙，盐 ⅓ 茶匙，黑胡椒粉少许

做法

❶ 卷心菜去芯，用沸水焯一下，沥干；洋葱剁碎。

❷ 将猪肉糜、洋葱、鸡蛋黄和腌料搅拌均匀，腌 20 分钟，做成肉馅。

❸ 将肉馅揉成一个个肉丸，分别用卷心菜叶卷好。

❹ 将猪肉卷、番茄酱和水放在锅中，大火煮沸后转中火煮 20 分钟即可。

麻婆豆腐盖饭

麻婆豆腐的味道令人难忘。在这里，我没有放辣椒油，孩子也可以食用。推荐大家将麻婆豆腐盖在米饭上食用。

原料

猪肉糜 200 g，米饭 2 碗，豆腐 1 块（300 g），葱末 2 汤匙，淀粉 2 汤匙，食用油 2 汤匙，蒜末 1 汤匙，豆瓣酱 1 汤匙，蚝油 ½ 汤匙，白糖 1 茶匙，芝麻油 1 茶匙，水适量

腌料

料酒 1 茶匙，黑胡椒粉少许

做法

❶ 用腌料将猪肉糜腌 20 分钟。

❷ 豆腐切小块。

❸ 热锅，倒食用油，放入葱末、蒜末和猪肉糜翻炒。

❹ 加入能没过锅中原料的水，煮沸。

❺ 加入豆腐、豆瓣酱、蚝油和白糖，轻轻搅拌均匀。

❻ 将淀粉和水以 1 ∶ 1 的比例混合均匀，倒在锅中。待豆腐煮熟，淋上芝麻油后出锅，盖在米饭上即可。

酥炸茄盒

茄子因口感过软而不受孩子喜爱。用油炸可以改变茄子的口感。将炸好的茄盒搭配酱油或辣酱食用，别有一番风味。

原料

猪肉糜 200 g，茄子 2 根，盐 1 茶匙，食用油 5 杯

腌料

生抽 ½ 汤匙，蒜末 1 茶匙，芝麻油 1 茶匙，淀粉 1 茶匙，黑胡椒粉少许

炸料

炸粉 1 杯，水 ½ 杯

做法

❶ 用腌料将猪肉糜腌 20 分钟。

❷ 茄子切厚片（厚约 2 cm），从每片侧面横剖而不至剖断，在茄子表面撒盐。

❸ 将炸料原料混合均匀，备用。

❹ 用厨房纸巾吸干茄子表面的水，分别在每片茄子中间夹适量猪肉糜，然后在茄子表面裹一层炸料。

❺ 热锅，倒食用油，油温升至 180 ℃放入茄盒，炸熟。

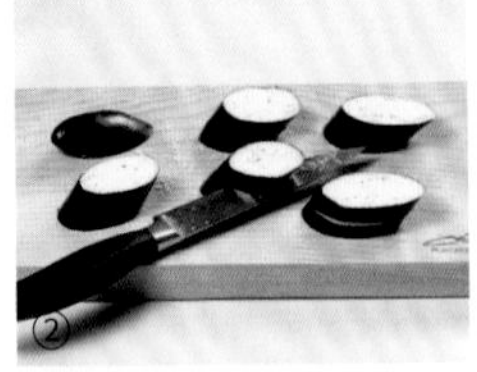

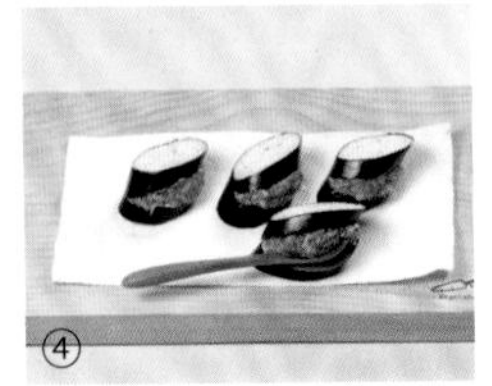

小贴士

猪肉糜的使用方法

市面上有现成的猪肉糜销售，我们一般用它和蔬菜做饺子馅、肉丸等。在牛肉糜中加一些猪肉糜，做出的菜肴口感更柔嫩。如果猪肉糜中有大量血水，请先用厨房纸巾去除血水后再使用。

御好烧

如果想让孩子多吃蔬菜，可以做这道菜。可以用切碎的培根代替猪肉糜，搭配木鱼花食用味道更棒。这道菜非常受孩子喜爱。

原料

猪肉糜 100 g，卷心菜 $1/4$ 棵，大葱 $1/3$ 根，木鱼花 1 把，猪排酱 1 汤匙，蛋黄酱 1 汤匙，食用油适量，鸡蛋 1 个，煎饼粉 5 汤匙，水少许

腌料

生抽 1 茶匙，料酒 1 茶匙，黑胡椒粉少许

做法

❶ 卷心菜切丝，大葱切圈。

❷ 用腌料将猪肉糜腌 20 分钟。

❸ 大碗里放煎饼粉，打入鸡蛋，加水搅拌成黏稠的面糊。

❹ 加入卷心菜、大葱和猪肉糜，搅拌均匀。

❺ 热锅，倒食用油，将步骤 4 中的混合物倒在锅中，平铺成厚厚的一层，煎至两面金黄，盛出。

❻ 淋上猪排酱和蛋黄酱，撒上木鱼花即可。

①

②

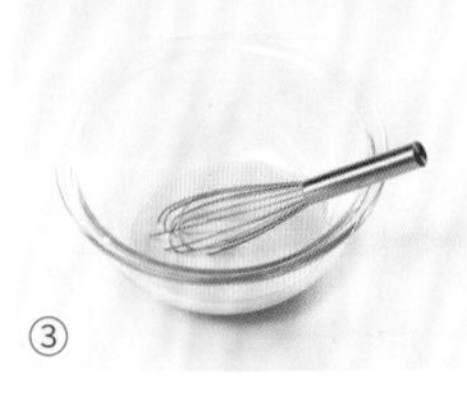
③

④

⑤

⑥

叉烧饭

叉烧是用整块五花肉炖成的，可以单独作为一道菜，也可以用作拉面或盖饭的浇头。别再用烤或者煮的方法烹饪五花肉了，尝试新做法吧。建议把炖熟的五花肉和熬好的汤汁分别密封保存，随用随取。

原料

五花肉 300 g，米饭 2 碗，芽苗菜 1 把

炖料

洋葱 1/2 个，生姜 1/2 个，大蒜 3 瓣，大葱 1/3 根，八角 1 个（可选），生抽 1/2 杯，料酒 3 汤匙，蜂蜜 3 汤匙，红糖 2 汤匙，黑胡椒粒 1/2 茶匙，水 1 杯

做法

❶ 热锅，放入整块五花肉，大火煎至肉表面金黄，盛出。

❷ 汤锅里放炖料，大火煮沸。

❸ 放入五花肉，转小火炖 30 分钟以上。

❹ 炖至五花肉上色，捞出，切厚片。

❺ 过滤汤汁。

❻ 继续熬煮汤汁，直至其变黏稠；将五花肉盖在米饭上，浇上汤汁，放上芽苗菜即可。

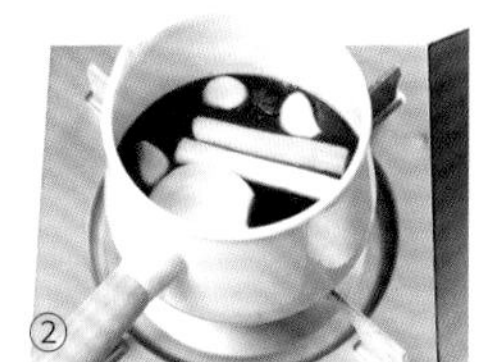

苹果炖猪肉

西餐的肉类菜肴里经常出现水果。猪肉和散发着清香的水果十分搭配。这一次让我们用酸甜可口的苹果来激发孩子的食欲吧。

原料

梅花肉 300 g，生抽 1 汤匙

腌料

姜酒 ½ 汤匙，蒜末 1 茶匙，黑胡椒粉少许

苹果酱

苹果 ½ 个，白糖 2 汤匙，水 2 汤匙，黄油 ½ 汤匙，柠檬汁 1 茶匙

做法

❶ 梅花肉切厚片，用腌料腌 20 分钟。

❷ 苹果去皮、去核，切片。

❸ 热锅，放黄油、白糖和柠檬汁，小火煮至黄油熔化。

❹ 加入苹果和水，小火慢熬成苹果酱，盛出。

❺ 另起锅，放入腌好的梅花肉翻炒。

❻ 炒至梅花肉快熟，放入苹果酱和生抽，翻炒至肉全熟，大火收汁。

豆芽炒五花肉

如果孩子不喜欢吃大块肉，可以用肉片来做菜。把五花肉和绿豆芽一起炒，味道非常好，也可以加入剩米饭或米线做成炒饭或炒米线。用培根代替五花肉片也是个不错的选择。

原料

五花肉片 200 g，绿豆芽 100 g，洋葱 ½ 个，食用油少许，蚝油 1 汤匙，生抽 ½ 汤匙，黑胡椒粉少许

做法

❶ 五花肉片切小，洋葱切丝。

❷ 热锅，倒食用油，放入洋葱翻炒几下。

❸ 放入五花肉片，大火翻炒。

❹ 炒至五花肉片变色，加入蚝油、生抽和黑胡椒粉调味，放入绿豆芽快速翻炒至其断生，出锅。

香煎梅花肉

这道菜又叫“貊炙”。用大酱等调料把梅花肉腌入味，能够减少梅花肉的腥气。烹饪时要用小火，以免煎煳。

原料

梅花肉 400 g，葱花 2 汤匙（可选）

腌料

大酱 1½ 汤匙，蜂蜜 1 汤匙，蒜末 ½ 汤匙，姜酒 ½ 汤匙，汤用酱油 ½ 汤匙，芝麻油 1 茶匙，黑胡椒粉少许

做法

❶ 用刀背将梅花肉敲打至纤维松散。

❷ 将所有腌料原料混合均匀。

❸ 将腌料均匀涂抹在梅花肉上，把肉放入冰箱冷藏室腌 1 小时以上。

❹ 平底锅里放腌好的梅花肉，小火煎至两面金黄。

❺ 撒上葱花，出锅。

猪肉泡菜卷

这道菜做法简单，用泡菜叶把猪肉卷起来炖煮即可，可替代汤品。泡菜是孩子喜欢的下饭菜，不放肉，只放一些苏子油烹饪也是不错的选择。

原料

梅花肉 400 g，泡菜 1 棵，鳀鱼汤 $1\frac{1}{2}$ 杯，大酱 2 汤匙，汤用酱油 1 汤匙，蒜末 $\frac{1}{2}$ 汤匙，苏子油 $\frac{1}{2}$ 汤匙，葱花少许

做法

❶ 泡菜去根，泡菜叶洗净备用。

❷ 梅花肉切长条。

❸ 将泡菜叶铺平，每片上面放一片梅花肉，涂一层大酱。

❹ 卷起来。

❺ 锅中放泡菜卷，加入鳀鱼汤、汤用酱油、蒜末和苏子油，小火煮 30 分钟左右，出锅前撒葱花。

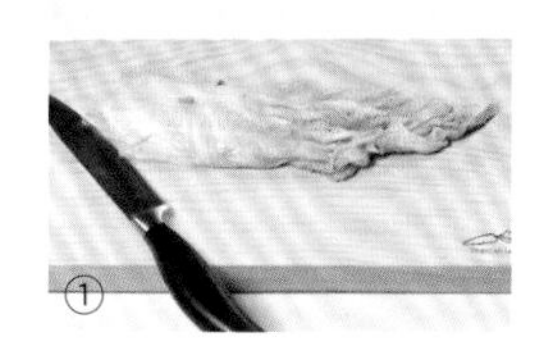

红薯奶酪猪肉卷

一般来说，孩子特别喜欢添加了奶酪的食物。炸至酥脆的猪大里脊肉、香喷喷的奶酪和甜甜的红薯碰撞在一起，一定能让孩子目不转睛、口水直流。

原料

猪大里脊肉片 300 g，红薯 1 个，紫苏叶 5~6 片，鸡蛋 2 个，面包糠 2 杯，马苏里拉奶酪 1 杯，面粉 ½ 杯，牛奶 2 汤匙，食用油 5 杯

腌料

盐 ½ 茶匙，黑胡椒粉少许

做法

❶ 用肉锤或刀背将猪大里脊肉片捶打或敲打至纤维松散，两面均匀涂抹盐和黑胡椒粉腌 20 分钟。

❷ 红薯煮熟，去皮，捣碎，加入牛奶搅拌成泥。在每片猪大里脊肉上放适量紫苏叶、红薯泥和马苏里拉奶酪，分别卷起来。

❸ 鸡蛋打散，给猪肉卷依次裹上面粉、蛋液和面包糠。

❹ 热锅，倒食用油，油热至面包糠入锅能立刻浮起，放入猪肉卷，炸熟。

酱猪肉

用猪小里脊肉做的酱猪肉口感柔嫩，适合孩子食用。鹌鹑蛋的加入导致这道菜的保质期变短，因此最好将猪肉和鹌鹑蛋分别密封保存。

原料

猪小里脊肉 400 g，去壳熟鹌鹑蛋 10 个，生抽 ⅔ 杯，料酒 3 汤匙，白糖 3 汤匙

炖料

大葱 ½ 根，大蒜 3 瓣，料酒 1 汤匙，黑胡椒粒 ½ 茶匙

做法

❶ 在锅里倒适量水，放入整块猪小里脊肉和炖料，炖 30 分钟。

❷ 捞出炖熟的猪小里脊肉，切大块；过滤肉汤。

❸ 另起锅，将肉汤、生抽、3 汤匙料酒和白糖放在锅中，煮沸。放入炖熟的猪小里脊肉，大火煮沸后转小火慢炖。

❹ 炖至汤汁减少一半以上，放入鹌鹑蛋再煮 5 分钟左右即可。食用时，将猪小里脊肉捞出，撕成条，蘸着汤汁吃。放凉后，捞出未吃完的鹌鹑蛋和猪小里脊肉，将蛋、肉和汤汁分别密封保存。

①

②

③

④

糖醋里脊

猪大里脊肉很筋道，经常用来做糖醋里脊。我们可以在外面买到糖醋里脊，但自己在家做的味道更好。来为孩子做一道爱意满满的糖醋里脊吧。

原料

猪大里脊肉 300 g，紫甘蓝 1/6 棵，洋葱 1/2 个，柠檬 1/2 个，淀粉 2 杯，水 1 杯，食用油 5 杯

腌料

姜酒 1 汤匙，盐 1/3 茶匙，黑胡椒粉少许

柠檬酱

白糖 3 汤匙，水 3 汤匙，柠檬汁 2 汤匙，食醋 1 汤匙，水淀粉 1 汤匙，蚝油 1 茶匙

做法

❶ 将 2 杯淀粉和 1 杯水混合均匀，静置 2 小时左右，倒掉上方的水，留下沉淀物。

❷ 猪大里脊肉切厚条，用腌料腌 20 分钟。

❸ 紫甘蓝和洋葱切丝，柠檬切片。

❹ 在沉淀物中倒 1 杯食用油，放入腌好的猪大里脊肉，搅拌均匀。

❺ 热锅，倒 4 杯食用油，油热至沉淀物入锅能立刻浮起，放入猪大里脊肉，炸熟后取出，复炸一次。

❻ 另起锅，将所有柠檬酱原料放在锅中，搅拌均匀，煮沸。将炸好的猪大里脊肉、紫甘蓝、洋葱和柠檬放在盘中，淋上柠檬酱即可。

酱炒猪肉

这是一道主要用孩子喜爱的炸酱和猪小里脊肉做的炒菜。炸酱味道偏咸，非常下饭。如果在这道菜里加一些年糕，味道也很好。

原料

猪小里脊肉 200 g，洋葱 ½ 个，青椒 ½ 个，红甜椒 ½ 个，食用油 1 汤匙

腌料

姜酒 1 汤匙，蒜末 1 茶匙，黑胡椒粉少许

炸酱

炸酱粉 1 汤匙，蜂蜜 ⅔ 汤匙，料酒 ½ 汤匙，芝麻油 1 茶匙

做法

❶ 猪小里脊肉切丝，用腌料腌 20 分钟。

❷ 将洋葱、青椒和红甜椒切成大小相当的丝。

❸ 将所有炸酱原料搅拌均匀。

❹ 热锅，倒食用油，放入腌好的猪小里脊肉，翻炒。

❺ 炒至猪小里脊肉变色，放入洋葱、青椒和红甜椒翻炒。

❻ 加入炸酱，炒熟即可。

什锦炒肉

用猪肉和孩子喜欢的菌菇做一道什锦炒肉吧。这道菜添加了多种菌菇，味道鲜美，香气四溢。可以根据个人喜好加入甜椒，也可以搭配切片面包食用。

原料

猪小里脊肉 200 g，小平菇 100 g，金针菇 $\frac{1}{2}$ 袋（75 g），香菇 2 朵，洋葱 $\frac{1}{2}$ 个，韭菜 1 把（20 g），食用油 2 汤匙，蚝油 $1\frac{1}{2}$ 汤匙，芝麻油 1 茶匙

腌料

生抽 1 茶匙，姜酒 1 茶匙，白糖 1 茶匙，淀粉 1 茶匙，食用油 1 茶匙，黑胡椒粉少许

做法

❶ 猪小里脊肉切丝，用腌料腌 20 分钟。

❷ 小平菇撕条，香菇切片，韭菜切段，金针菇去根、撕开，洋葱切丝。

❸ 热锅，倒食用油，放入洋葱、小平菇、香菇和猪小里脊肉翻炒。

❹ 炒至猪小里脊肉变色，放入蚝油翻炒。

❺ 放入金针菇、韭菜和芝麻油，炒熟即可。

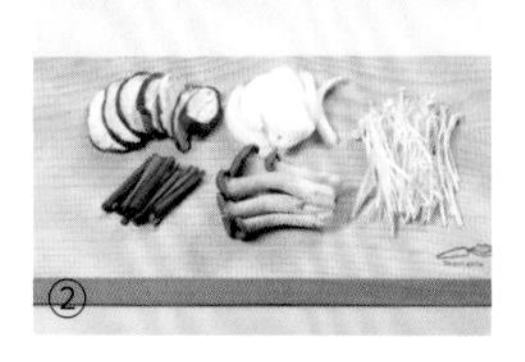

味噌紫苏酱炒猪肉

将猪肉与西葫芦一起炒，加入味噌紫苏酱调味，整道菜香甜可口。可以用鸡肉代替猪肉，还可以加入卷心菜等蔬菜。

原料

猪前腿肉 200 g，西葫芦 1/3 根，食用油少许

腌料

蒜末 1 茶匙，料酒 1 茶匙，黑胡椒粉少许

味噌紫苏酱

味噌酱 1 1/2 汤匙，紫苏粉 1 1/2 汤匙，蜂蜜 1 汤匙，生抽 1/2 汤匙，料酒 1/2 汤匙，白糖 1/2 汤匙，苏子油 1 茶匙

做法

❶ 猪前腿肉切片，用腌料腌 20 分钟。

❷ 西葫芦切薄片。

❸ 将味噌紫苏酱原料倒在碗中，搅拌均匀。

❹ 热锅，倒食用油，放入猪前腿肉大火翻炒。

❺ 炒至猪肉变色，加入西葫芦和味噌紫苏酱，全部炒熟即可。

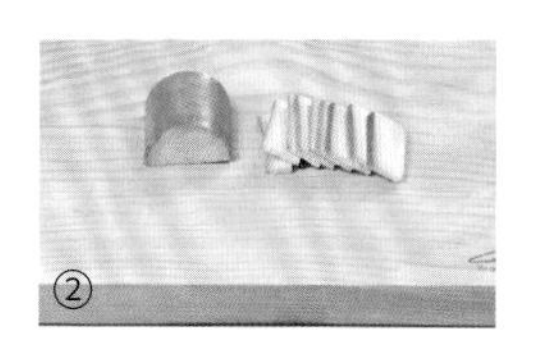

味噌汤

孩子可能不喜欢大酱汤，但几乎不会拒绝日式味噌汤。我在汤里添加了猪肉，味道非常鲜美。如果加入牛蒡或莲藕，味道更好，营养也更加丰富，只是需要多煮 10 分钟以上。

原料

猪后腿肉 200 g，白萝卜 1/4 根，胡萝卜 1 根，平菇 100 g，昆布汤 3 杯，味噌酱 2 汤匙，芝麻油 1 茶匙

腌料

姜酒 1/2 汤匙，蒜末 1 茶匙，黑胡椒粉少许

做法

❶ 猪后腿肉切成适口大小，用腌料腌 20 分钟。

❷ 白萝卜和胡萝卜切块。

❸ 锅里放芝麻油和猪后腿肉，中火翻炒。

❹ 炒至猪肉变色，放入白萝卜和胡萝卜，炒熟。

❺ 倒入昆布汤和味噌酱，小火炖煮 20 分钟左右。

❻ 平菇撕条，入锅煮熟即可。

SKEPPSHULT
SKEPPSHULT

水果佐白切肉

猪肉类菜肴中，做法最简单的就是白切肉。我们一般用虾酱、泡菜、萝卜丝等搭配白切肉吃，但孩子们往往因这些食材味道过重而心生反感。所以在这里，我选择用水果来搭配白切肉。水果的甜味可以减轻酱料的辣味和猪肉的油腻感。

原料

猪前腿肉 400 g，苹果 1 个，脆柿 1 个，梨 1/2 个，韭菜 1 把（20 g）

炖料

大葱 1/2 根，大蒜 2 瓣，月桂叶 1 片，黑胡椒粒 1/2 茶匙

酱料

梅子汁 1 汤匙，辣椒粉 2/3 汤匙，白芝麻 1/2 汤匙，鱼露 1/2 汤匙，蒜末 1 茶匙，白糖 1 茶匙

做法

❶ 将整块猪前腿肉放在锅里，倒入足以没过猪前腿肉的水，加入炖料炖 1 小时左右。

❷ 苹果、脆柿和梨切丝，韭菜切段。

❸ 所有酱料原料混合均匀。

❹ 捞出炖好的猪前腿肉，放凉后切片，装盘。

❺ 将苹果、脆柿、梨和韭菜放在碗中，浇上酱料，搅拌均匀。

①

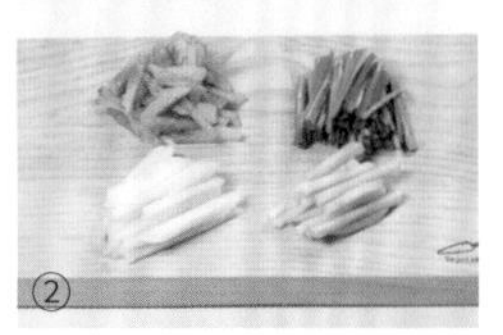

②

③

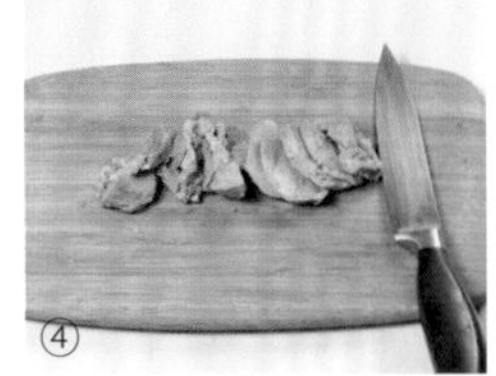

④

⑤

姜汁烧肉

这是一道经常出现在日本电视剧和电影中的菜。姜汁烧肉盖饭也非常好吃。如果孩子不喜欢生吃蔬菜，可以尽量把蔬菜切细。

原料

猪前腿肉 300 g，卷心菜 1/8 棵，食用油 1/2 汤匙

腌料

姜酒 1 汤匙，蒜末 1 茶匙，黑胡椒粉少许

姜汁

生抽 2 汤匙，料酒 2 汤匙，白糖 1 汤匙，生姜末 1 茶匙，黑胡椒粉少许

做法

❶ 猪前腿肉切成适口大小，用腌料腌 20 分钟。

❷ 卷心菜切丝，越细越好；所有姜汁原料倒在碗中，搅拌均匀。

❸ 热锅，倒食用油，放入猪前腿肉，中火翻炒片刻。

❹ 炒至猪肉变色，倒入姜汁，小火熬煮。猪肉煮熟后收汁，与卷心菜一起装盘。

①

②

③

④

猪肉豆渣汤

豆渣味道清淡，加入味道醇厚的猪肉，再放入切碎的泡菜，整道汤口感层次丰富，味道非常棒。做给孩子吃时，要将泡菜多洗几次。

原料

猪后腿肉 100 g，泡菜 ½ 棵，豆渣 2 杯，芝麻油 ½ 汤匙，水 ½ 杯，虾酱 1 汤匙

腌料

蒜末 1 茶匙，料酒 1 茶匙

做法

❶ 猪后腿肉切厚片，用腌料腌 20 分钟。

❷ 泡菜去根，泡菜叶洗净，切碎。

❸ 热锅，倒芝麻油，放入猪肉和泡菜，翻炒。

❹ 炒至猪肉和泡菜变色，加入豆渣，翻炒。

❺ 加水煮沸。

❻ 用虾酱调味。

番茄烤猪颈肉

烤猪颈肉的味道令人着迷，但猪颈肉脂肪较多，烤起来比较麻烦。与洋葱、大蒜等食材一起烤的话，就不必担心烤肉腥气过重和油脂较多的问题，可以好好享用美味了。

原料

猪颈肉 300 g，樱桃番茄 10 个，洋葱 1 个，大蒜 5 瓣

腌料

盐 ½ 茶匙，黑胡椒粉少许，百里香粉少许

做法

❶ 樱桃番茄一切两半，洋葱切丝，大蒜切片。

❷ 在深烤盘上铺一层洋葱，放上猪颈肉，将腌料均匀撒在猪颈肉上，腌 20 分钟。

❸ 在深烤盘中均匀摆放樱桃番茄和蒜。

❹ 烤箱预热至 200 ℃，放入深烤盘烤 10 分钟左右，取出深烤盘，将肉翻面，再烤 10 分钟即可。

酱排骨肉

切花刀后用熬好的酱料腌一段时间，排骨肉更易入味，也更加柔嫩。如果没有去了骨的排骨肉，也可以用排骨做这道菜。

原料

排骨肉（或排骨）1 kg

腌料

洋葱汁 2 汤匙，黑胡椒粉少许

酱料

洋葱 1 个，大葱葱白 1 根，大蒜少许，生抽 ½ 杯，料酒 ½ 杯，水 ½ 杯，黄糖 2 汤匙，蜂蜜 2 汤匙，桂皮粉 ¼ 茶匙

做法

❶ 洋葱切开，大葱葱白切段，与其余酱料原料一起倒在锅中煮沸，放凉。

❷ 在排骨肉上切花刀。如果用的是排骨，请先去除多余的脂肪，再切花刀。

❸ 用腌料将排骨肉或排骨腌一下。

❹ 将酱料均匀倒在腌好的排骨肉或排骨上，放入冰箱冷藏室，腌 12 小时以上。

❺ 连酱料一起倒在锅中，小火炖熟以后大火收汁。

酱猪蹄

我经常用前一天吃剩的猪蹄来做酱猪蹄，比直接吃更加可口。由于味道较咸，非常下饭。也可以把吃剩的猪蹄切成小块，用来做炒饭。

原料

熟猪蹄肉 200 g（或熟带骨猪蹄 400 g），洋葱 ½ 个，大蒜 3 瓣，食用油适量，白芝麻适量

炒料

生抽 1 汤匙，料酒 ½ 汤匙，白糖 ½ 汤匙，蜂蜜 ½ 汤匙，蒜末 1 茶匙，芝麻油 1 茶匙

做法

❶ 洋葱切小块，大蒜切片。

❷ 热锅，倒食用油，放入大蒜和洋葱翻炒。

❸ 炒至洋葱变透明，放入猪蹄肉（或猪蹄）翻炒。

❹ 将所有炒料原料混合均匀，倒在锅中，翻炒至猪蹄肉（或猪蹄）上色，撒上白芝麻。

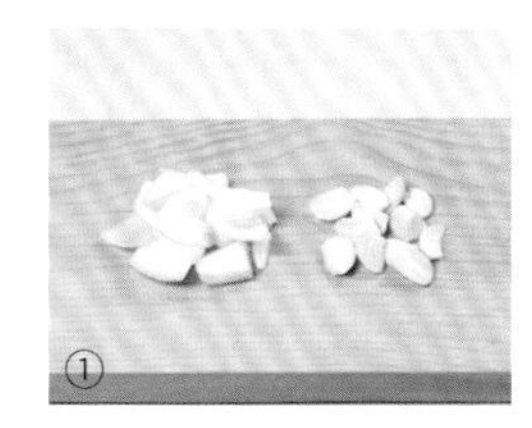

炒米肠

这道炒米肠添加了紫苏粉和多种蔬菜，营养丰富。如果没吃完，用吃剩的炒米肠和海苔粉、米饭做成炒饭，孩子也非常喜欢。

原料

熟米肠 300 g，卷心菜 1/8 棵，洋葱 1/2 个，胡萝卜 1/3 根，大葱 1/3 根，紫苏叶 8 片，食用油 1 汤匙

炒料

紫苏粉 1 汤匙，生抽 1/2 汤匙，料酒 1/2 汤匙，蒜末 1 茶匙，白糖 1 茶匙，苏子油 1 茶匙，白芝麻 1 茶匙，盐 1/3 茶匙，黑胡椒粉少许

做法

❶ 熟米肠切片，炒料原料混合均匀。

❷ 卷心菜和紫苏叶切小块，胡萝卜切片，大葱和洋葱切丝。

❸ 热锅，倒食用油，加入洋葱、卷心菜和胡萝卜翻炒。

❹ 蔬菜断生后加入米肠、大葱和混合均匀的炒料翻炒。

❺ 放入紫苏叶，炒熟。

小贴士

甜辣酱

如果想吃甜辣味炒米肠，就放一些甜辣酱炒吧。将以下原料混合均匀即可调出甜辣酱。也可以用炒米肠蘸着甜辣酱吃。

原料

辣椒酱 2 汤匙，紫苏粉 2 汤匙，水 2 汤匙，蒜末 1 汤匙，辣椒粉 1 汤匙，白糖 1 汤匙，食醋 1 汤匙，芝麻油 1 茶匙

鸡肉类菜肴

鸡肉蛋白质含量高、热量低，很受大人欢迎。此外，鸡肉肉质细嫩，易于消化，就连刚断奶的孩子也能食用。让我们来看看都有哪些可口的鸡肉类菜肴吧！做起来！

鸡肉烹饪小贴士

在韩国，整鸡根据重量被分为不同的规格，包括小号、中小号、中号、大号和特大号。一般情况下，做参鸡汤使用的是小号整鸡。此外，整鸡根据质量被分为不同的等级，由优到劣为 1+ 级、1 级和 2 级。如果做给孩子吃，建议你选用 1+ 级的整鸡。鸡翅、琵琶腿和鸡大胸等部位的鸡肉的质量等级有 1 级和 2 级。

整鸡重量规格

规格	号数	重量
小号	5 号	451~550 g
	6 号	551~650 g
中小号	7 号	651~750 g
	8 号	751~850 g
	9 号	851~950 g
中号	10 号	951~1050 g
	11 号	1051~1150 g
	12 号	1151~1250 g
大号	13 号	1251~1350 g
	14 号	1351~1450 g
特大号	15 号	1451~1550 g
	16 号	1551~1650 g
	17 号	1651 g 及以上

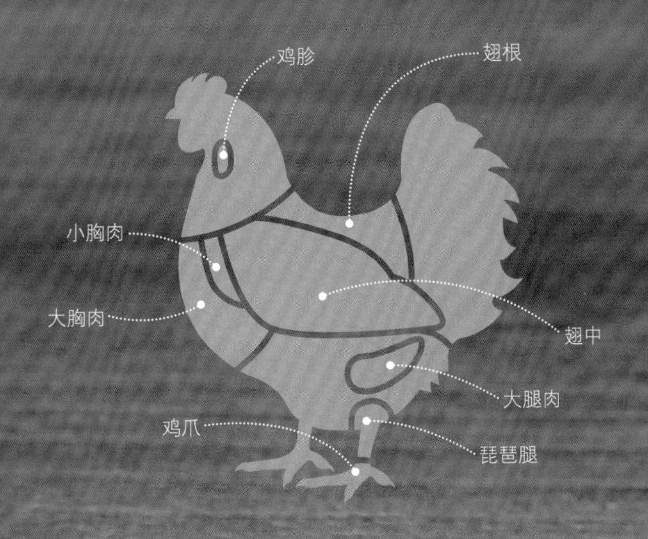

不同部位的鸡肉

参考《韩国食物成分表（标准版）第 9 版》，
蛋白质含量和热量均为 100 g 鸡肉的含量

大胸肉

蛋白质含量：22.97 g
热量：98 千卡
烹饪方法：烤、炸、炒、凉拌

大胸肉富含蛋白质，脂肪少，味道清淡，营养均衡，热量低，是减肥食谱中最常见的食材，经常用于补充蛋白质。不过要注意的是，由于大胸肉脂肪含量低，烹饪时间过长会变柴。冷冻后大胸肉容易变干，因此我们要想冷冻保存，须先将其密封。煮熟后冷冻保存也是个不错的办法。

【重点】横向剖开后再烹饪。

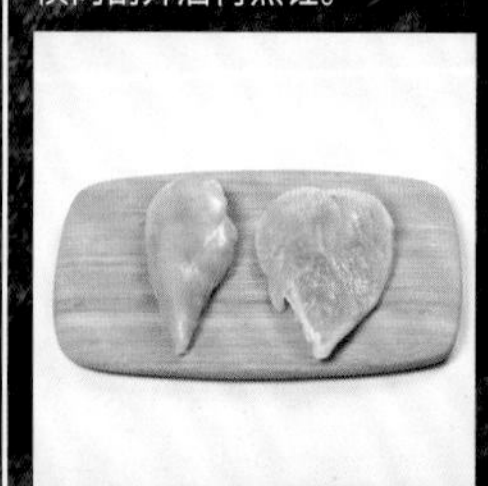

整块大胸肉很厚，不易熟。最好将其从侧面横向剖开后再烹饪。

小胸肉

蛋白质含量：24.0 g
热量：106 千卡
烹饪方法：凉拌、烤、炸、蒸

小胸肉是位于大胸肉内侧的一条狭长的肉，富含蛋白质，几乎不含脂肪。小胸肉比大胸肉更软、更小，中间有白色的筋膜，我们在烹饪前应去除筋膜。我们如果直接用手扯，筋膜可能断开、无法完整剥离，所以最好使用刀或厨房剪刀将其去除。

【重点】烹饪前去除白色的筋膜。

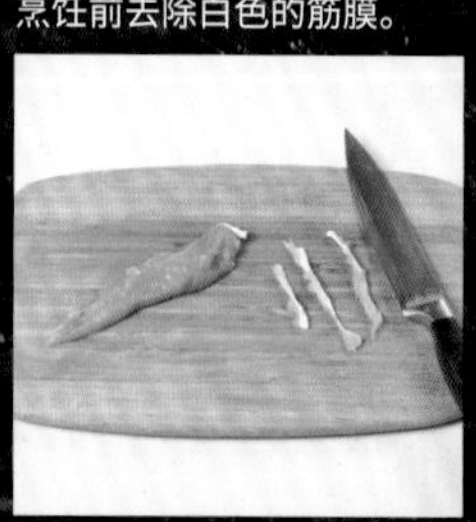

用刀或厨房剪刀轻轻去除白色的筋膜。

琵琶腿

蛋白质含量：19.41 g
热量：144 千卡
烹饪方法：炖、煮、烤、炸

鸡膝关节至脚踝的部位被称为“琵琶腿”。琵琶腿肌肉发达，颜色深于其他部位，脂肪含量低，蛋白质含量高，烹饪后肉质紧实、口感筋道，深受人们喜爱。

大腿肉

蛋白质含量：18.59 g（100 g 去皮大腿肉的含量）
热量：179 千卡（100 g 去皮大腿肉的含量）
烹饪方法：炒、烤、炸

剔除鸡大腿骨头后留下的肉就是大腿肉。大腿肉口感好，汁液丰富，但厚度不均，我们烹饪前可在较厚的部位划几刀，或将较厚的部位横向剖开。

【重点】斜着划几刀。

如果琵琶腿肉太厚，我们可以在其表面斜着划几刀，使其更易入味。

【重点】去除多余的脂肪。

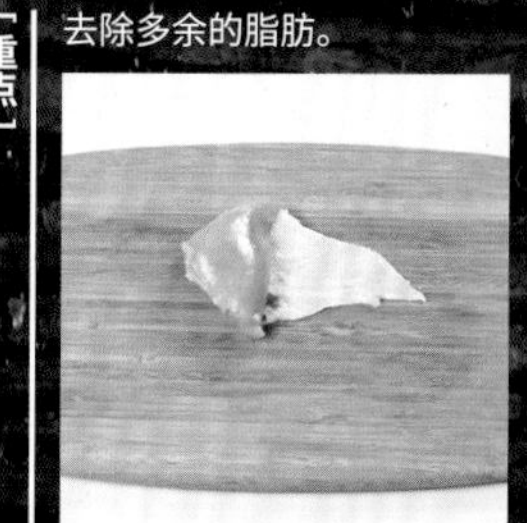

去除多余的脂肪能使大腿肉的味道更清淡。

翅根

蛋白质含量：18.78 g
热量：168 千卡
烹饪方法：煮、烤、炸

鸡翅分为翅根和翅中。*翅根又名“迷你琵琶腿”，形状、口感与琵琶腿的相似。与琵琶腿相比，翅根体积较小，适合孩子食用。翅根上的鸡皮很香，含丰富的胶原蛋白，我们如果担心脂肪摄入过量，可去皮后烹饪。

[重点] 烤前将翅根处理一下，方便手拿。

烤翅根前，用刀将下半部分骨头处的筋膜切断，并将鸡皮和鸡肉往上推，方便手拿和食用。

翅中

蛋白质含量：18.78 g
热量：168 千卡
烹饪方法：炖、炒、炸

翅中的瘦肉含量较低，脂肪和胶原蛋白含量较高。翅中皮多肉少，汁液丰富，味道鲜美，烹饪后口感筋道。翅中用来炖汤味道也很好。

[重点] 在翅中上划几刀。

腌翅中前，应在翅中上划几刀，使其更易入味。

* 在韩国，鸡翅尖通常被去除，人们不食用。——编者注

鸡胗

蛋白质含量：16.87 g
热量：78 千卡
烹饪方法：烤、炸、炒

鸡胗是鸡的肌胃。鸡胗肉质紧实，口感筋道，几乎不含脂肪，味道清淡，但它厚薄不均，我们烹饪时注意不要烧焦。烹饪前要将鸡胗清理干净，不留异物。

【重点】去除异物。

烹饪前一定要将鸡胗剖开，去除里面的筋膜和异物，然后用面粉或粗盐将鸡胗里里外外搓洗干净。

整鸡

蛋白质含量：19.0 g（100 g 成年鸡的含量）
热量：170 千卡（100 g 成年鸡的含量）
烹饪方法：煮、炖、蒸、炸、烤

购买整鸡时，请根据不同的用途选择不同规格的鸡。例如，做参鸡汤（第 158 页）时，最好购买 5 号或 6 号整鸡；做炖鸡块（第 163 页）时，最好购买 8 号或 9 号整鸡。

【重点】去除不食用的部位。

请去除鸡屁股、鸡翅尖等不食用的部位，内脏和骨头上的血块也要用水清洗干净。

原料

花生酱 3 汤匙，花生碎 2 汤匙，蛋黄酱 2 汤匙，低聚糖 1 汤匙，生抽 ½ 汤匙，白糖 ½ 汤匙

做法

所有原料混合均匀。

基础酱料

味道清淡的鸡肉适合与味道不太浓烈的酱料搭配。用柠檬、橙子和花生等食材做的酱料比咸辣的酱料更适合用来给鸡肉提味。在这里，我将向大家介绍 3 种可使鸡肉类菜肴更可口的酱料。

甜味花生酱

我们常用越南春卷蘸香醇的甜味花生酱食用，甜味花生酱与越南春卷中脂肪含量低的鸡肉简直是绝配。但花生碎容易受潮，所以甜味花生酱最好现做现吃。

小贴士

花生碎现用现碾

临做酱料前再将花生碾碎。用现碾的花生碎做的甜味花生酱味道更浓郁。

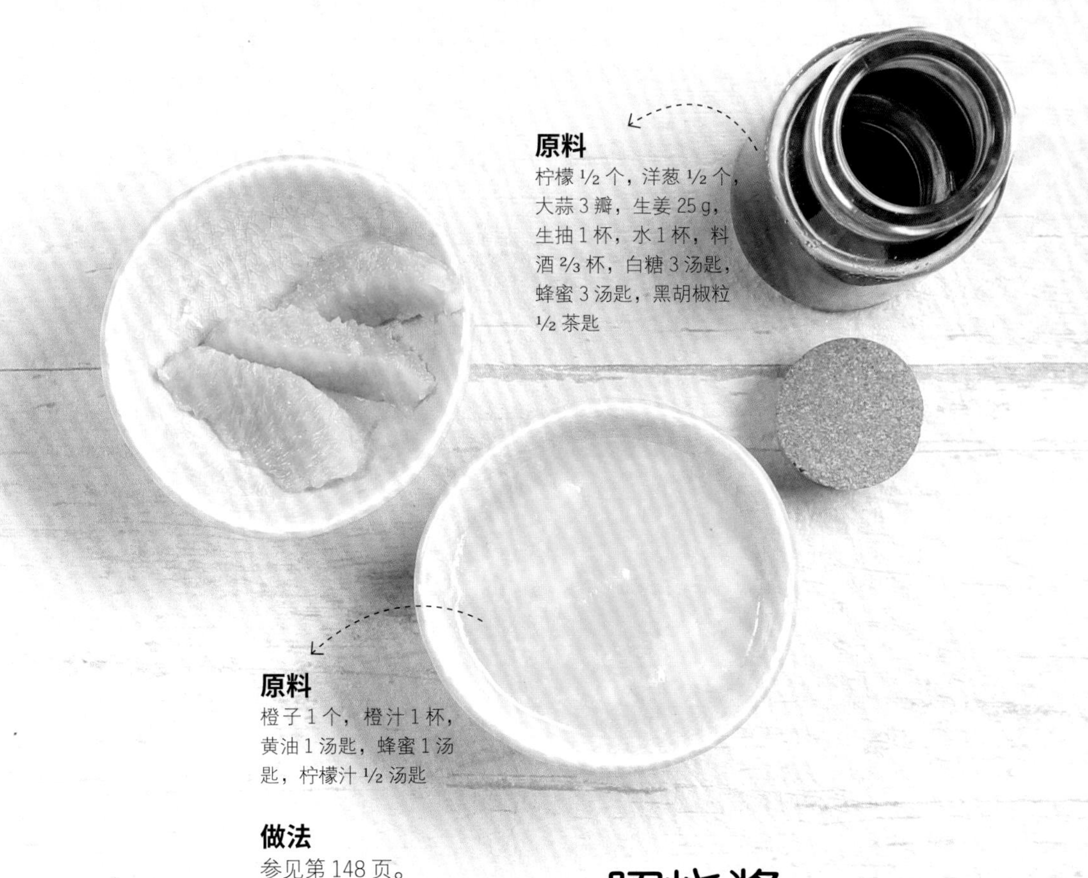

原料

柠檬 ½ 个，洋葱 ½ 个，大蒜 3 瓣，生姜 25 g，生抽 1 杯，水 1 杯，料酒 ⅔ 杯，白糖 3 汤匙，蜂蜜 3 汤匙，黑胡椒粒 ½ 茶匙

原料

橙子 1 个，橙汁 1 杯，黄油 1 汤匙，蜂蜜 1 汤匙，柠檬汁 ½ 汤匙

做法

参见第 148 页。

照烧酱

常见于日式料理的照烧酱味道甘甜，深受孩子喜欢。可一次性多做一些，保存在冰箱中，随用随取。照烧酱非常适合用于搭配鸡肉类菜肴，如菠萝鸡肉串等。

做法

1. 备齐上述原料。
2. 将所有原料放在汤锅中，小火炖至汤汁减少一半，关火。
3. 放凉后将酱料过滤干净即可。

橙子酱

橙子酱多用于搭配用鸡肉、鸭肉等家禽肉做成的菜肴。橙子酱是典型的西式酱料，与烤至表面金黄的鸡肉十分搭配。这道酱料中有橙肉，口感非常棒。

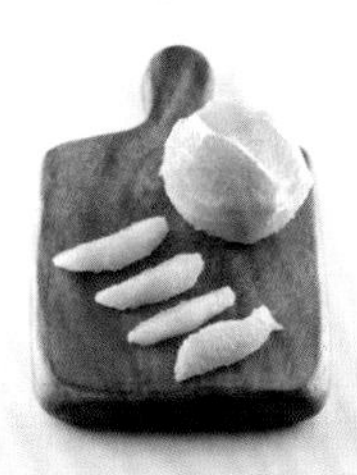

小贴士

剥橙肉的方法

先将橙子两端切掉，再将刀整个插入，紧贴橙皮内侧旋转一周，就能将橙皮（包括橙络）与橙肉分离。

基础菜肴和升级菜肴

煎鸡大胸

鸡大胸肉是健身圈里人气非常高的食物，我们在家就能轻松烹制这道煎鸡大胸，试一试吧。以煎鸡大胸为主要原料，我们可以做一道主菜（香煎鸡大胸，第130页），可以做一道孩子喜欢吃的小食（墨西哥鸡丁薄饼，第130页），还可以做一道沙拉（鸡大胸恺撒沙拉，第131页）。注意，鸡大胸肉水分很少，冷冻后容易变干，因此我们买回来后应先将其密封再冷冻保存，且保存时间最好不要超过2周。

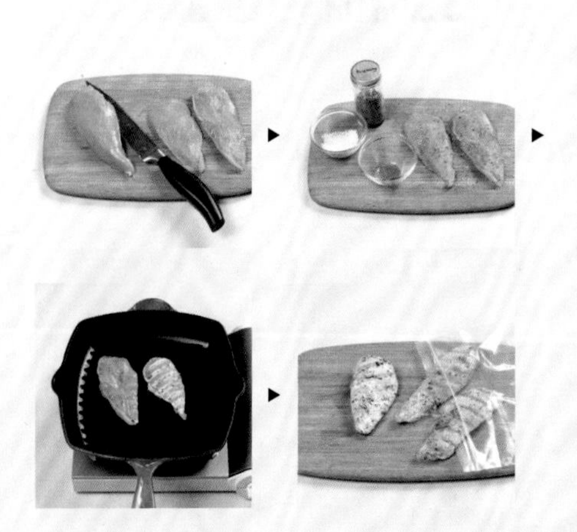

原料（4人份） 鸡大胸肉4块（400g），盐½汤匙，欧芹粉（或迷迭香粉、百里香粉）1茶匙，橄榄油适量（可选），黑胡椒粉少许，食用油少许

做法

1. 将每块鸡大胸肉从侧面剖开。
2. 用盐、欧芹粉（或迷迭香粉、百里香粉）和黑胡椒粉将鸡大胸肉腌20分钟。
3. 加热铸铁锅，倒食用油，放入鸡大胸肉，中火煎至两面变色，转小火，直至煎熟。（如果用烤箱烤，要先在鸡大胸肉表面刷一层橄榄油，这样烤好的肉不会过柴。）
4. 盛出鸡大胸肉，放凉后用保鲜膜或真空包装袋将其密封，冷冻保存。

〔煎鸡大胸〕

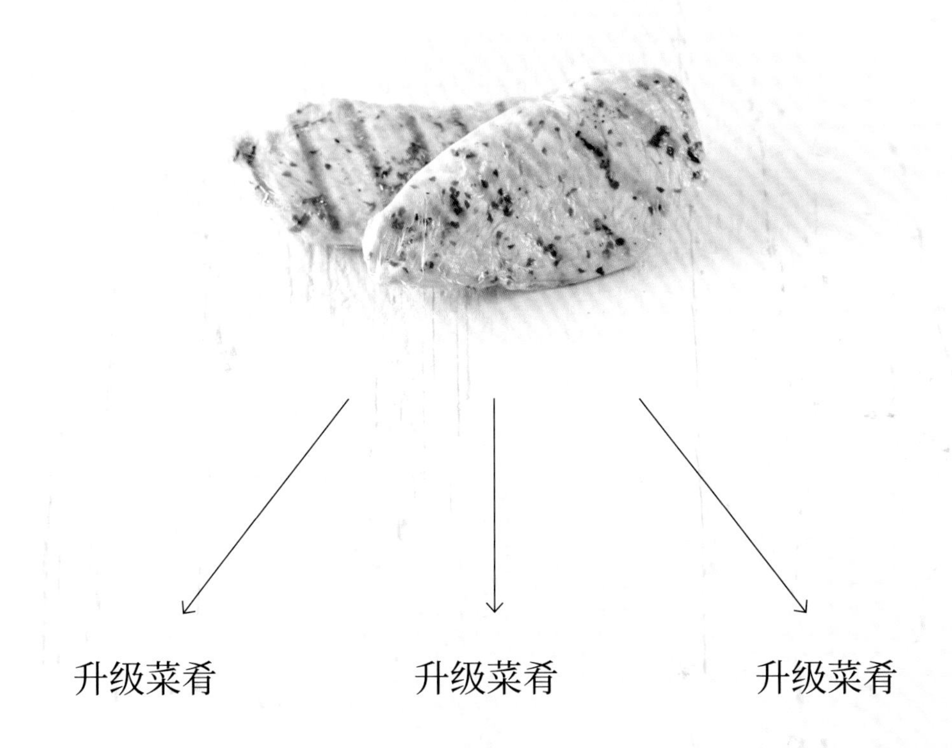

升级菜肴　　升级菜肴　　升级菜肴

香煎鸡大胸

鸡大胸肉虽然肉质较柴，但与能够刺激味蕾的酱料搭配后，也非常好吃。扁桃仁可以减轻这道菜的辣味，增加甜味。可根据自己的口味调整扁桃仁的用量。

墨西哥鸡丁薄饼

这是一道孩子非常喜欢的小食，我们也可以把它作为正餐。以前我们只有去餐厅才能吃到这道菜，现在试着在家里做一做吧。

鸡大胸恺撒沙拉

恺撒酱非常适合用作鸡大胸沙拉的沙拉酱。它味道浓郁，有了它，排斥沙拉的孩子也会爱上沙拉。如果不想自己做恺撒酱，可以购买市面上现成的产品。

香煎鸡大胸

原料（4 人份） 冷冻煎鸡大胸 4 块（400 g），扁桃仁 3 汤匙，食用油 1 汤匙，辣椒酱 1½ 汤匙，蜂蜜 1½ 汤匙，番茄酱 1 汤匙，生抽 ⅔ 汤匙，料酒 ½ 汤匙，芝麻油 1 茶匙，黑胡椒粉少许

做法

1. 提前取出冷冻煎鸡大胸解冻。
2. 将辣椒酱、蜂蜜、番茄酱、生抽、料酒、芝麻油和黑胡椒粉混合均匀，调出酱料。
3. 在鸡大胸的两面均匀刷一层酱料。
4. 热锅，倒食用油，放入鸡大胸小火煎 5 分钟，中途翻面。
5. 扁桃仁切片，撒在鸡大胸表面即可。

墨西哥鸡丁薄饼

原料（2 人份） 冷冻煎鸡大胸 2 块（200 g），墨西哥薄饼 2 张，青椒 ½ 个，洋葱 ⅓ 个，双孢菇 3 朵，马苏里拉奶酪 ½ 杯，比萨酱（或番茄酱）3 汤匙，食用油少许，黑胡椒粉少许

做法

1. 提前取出冷冻煎鸡大胸解冻，切丁。
2. 青椒、洋葱和双孢菇切丁。
3. 热锅，倒食用油，放入青椒、洋葱和双孢菇中火翻炒，用黑胡椒粉调味。
4. 炒至洋葱变透明，放入鸡丁和比萨酱（或番茄酱），翻炒均匀，盛出馅料。
5. 在一张墨西哥薄饼上依次铺一层馅料和一层马苏里拉奶酪，然后盖上另一张墨西哥薄饼。
6. 另起锅，小火加热墨西哥薄饼至奶酪熔化，出锅，切开食用。

鸡大胸恺撒沙拉

原料（2 人份） 冷冻煎鸡大胸 2 块（200 g），沙拉蔬菜（或莴苣叶）100 g，鳀鱼 2 条，橄榄油 5 汤匙，蛋黄酱 2 汤匙，帕玛森干酪粉 2 汤匙，白糖 1 汤匙，柠檬汁 1 汤匙，辣酱油 1 茶匙，蒜末 ½ 茶匙，黑胡椒粉少许

做法

1. 提前取出冷冻煎鸡大胸解冻，切块。
2. 沙拉蔬菜（或莴苣叶）切成适口大小，洗净，沥干。
3. 将鳀鱼、橄榄油、蛋黄酱、帕玛森干酪粉、白糖、柠檬汁、辣酱油、蒜末和黑胡椒粉倒入食物料理机，打成恺撒酱。
4. 热锅，放入鸡块，稍微煎一下，与沙拉蔬菜（或莴苣叶）一起装盘，淋上恺撒酱即可。

鸡肉丸

用鸡肉糜做成的鸡肉丸或鸡肉饼像豆腐一样柔嫩可口。市面上很少见到现成的鸡肉糜，我们可以自己做。将含水量低的鸡大胸肉剁碎并揉成丸子后，一定要先用保鲜膜将其定型再冷冻保存，因为鸡肉丸解冻后水分流失，很难保持形状完好。

原料（4人份） 鸡大胸肉6块（600 g），洋葱 1/2 个，白萝卜 1/4 根，大葱 1/4 根，料酒 1 茶匙，盐 1/2 茶匙，黑胡椒粉少许

做法

1. 鸡大胸肉切小块，用刀剁碎或用绞肉机打成肉糜。
2. 洋葱、白萝卜和大葱切碎。
3. 将鸡肉糜、洋葱、大葱和白萝卜搅拌均匀，用料酒、盐和黑胡椒粉腌 20 分钟。
4. 将步骤 3 中的混合物揉成一个个丸子，用保鲜膜将其分别裹严实后冷冻保存。（解冻后，要用厨房纸巾擦掉表面的水。）

〔鸡肉丸〕

升级菜肴

升级菜肴

升级菜肴

番茄鸡肉丸

这是一道添加了孩子喜欢的番茄酱的鸡肉类菜肴。番茄酱酸甜可口，味道毫不逊色于蛋黄酱。这道菜有些甜，非常受孩子欢迎。

鸡肉蔬菜饼

将鸡肉丸和各种剁碎的蔬菜揉成饼后煎熟，一道美食就做好了。鸡肉蔬菜饼味道清淡，让孩子用它蘸着喜欢的番茄酱吃也不错。即使是不喜欢吃蔬菜的孩子，也会爱上鸡肉蔬菜饼。

鸡肉丸子汤

用鸡肉丸、豆腐和白菜叶做的汤甘甜可口，孩子吃得津津有味。如果做给成年人食用，可以放一些辣椒粉。

番茄鸡肉丸

原料（2 人份） 冷冻鸡肉丸 300 g，青椒 ½ 个，红甜椒 ½ 个，淀粉 2 汤匙，食用油适量，生抽 1 汤匙，料酒 1 汤匙，番茄酱 1 汤匙，白糖 2 茶匙，水 2 汤匙

做法

1. 提前取出冷冻鸡肉丸，放在厨房纸巾上解冻，解冻后用另一张厨房纸巾擦掉鸡肉丸表面的水，并裹一层淀粉。
2. 青椒和红甜椒切块。
3. 热锅，倒食用油，放入青椒和红甜椒翻炒，炒熟后盛出备用。
4. 热锅，倒食用油，放入鸡肉丸，中火煎至鸡肉丸表面金黄。
5. 另起锅，放入生抽、料酒、番茄酱、白糖和水，熬成炒料，加入鸡肉丸、青椒和红甜椒翻炒，炒至鸡肉丸上色即可。

鸡肉蔬菜饼

原料（2人份） 冷冻鸡肉丸300 g，红甜椒⅓个，香菇2朵，鸡蛋1个，面粉1汤匙，食用油少许，盐少许，黑胡椒粉少许

做法

1. 提前取出冷冻鸡肉丸解冻。
2. 香菇去柄，切碎；红甜椒切碎。
3. 鸡肉丸捣碎，加入香菇、红甜椒、盐、黑胡椒粉和面粉，打入鸡蛋，搅拌均匀，揉成一个个饼。
4. 热锅，倒食用油，放入鸡肉蔬菜饼，中火煎至两面金黄即可。

鸡肉丸子汤

原料（2人份） 冷冻鸡肉丸300 g，豆腐½块（150 g），白菜叶3片，金针菇1把，昆布汤3杯，生抽1汤匙，盐½汤匙，黑胡椒粉少许，淀粉2汤匙

做法

1. 提前取出冷冻鸡肉丸，放在厨房纸巾上解冻，解冻后用另一张厨房纸巾擦掉鸡肉丸表面的水，并裹一层淀粉。
2. 往蒸锅中倒水，煮沸；蒸笼上铺一层纱布，纱布上放鸡肉丸蒸15分钟左右，取出备用。
3. 豆腐和白菜叶切块，金针菇切段。
4. 昆布汤煮沸，用生抽、盐和黑胡椒粉调味。
5. 加入鸡肉丸、豆腐、白菜叶和金针菇，煮沸即可出锅。

鸡柳

对不喜欢吃到骨头的孩子来说，鸡柳是他们喜爱的美食。用鸡小胸肉做的炸鸡柳，口感比炸猪排的更柔嫩，深得孩子的欢心。可以在面包糠里加入欧芹粉等香料，尝试别样的口味。提前将鸡柳做好并冷冻保存，能大大缩短烹饪时间。炸鸡柳既可以作为一道菜，也可以作为孩子的小食。

原料（4 人份） 鸡小胸肉 10 块（300 g），面粉 1 杯，牛奶 1 杯，鸡蛋 2 个，面包糠 2 杯，盐 ½ 茶匙，黑胡椒粉少许

做法

1. 去除鸡小胸肉上白色的筋膜，将肉放在牛奶中浸泡 10 分钟后取出，将牛奶倒掉。
2. 用盐和黑胡椒粉将鸡小胸肉腌 20 分钟。
3. 鸡蛋打散，给每块鸡小胸肉依次裹一层面粉、一层蛋液和一层面包糠。
4. 冷冻保存。冷冻时，鸡小胸肉可能粘在一起，因此一定要先用油纸或保鲜膜将每块鸡小胸肉分别裹好，再冷冻保存。

〔鸡柳〕

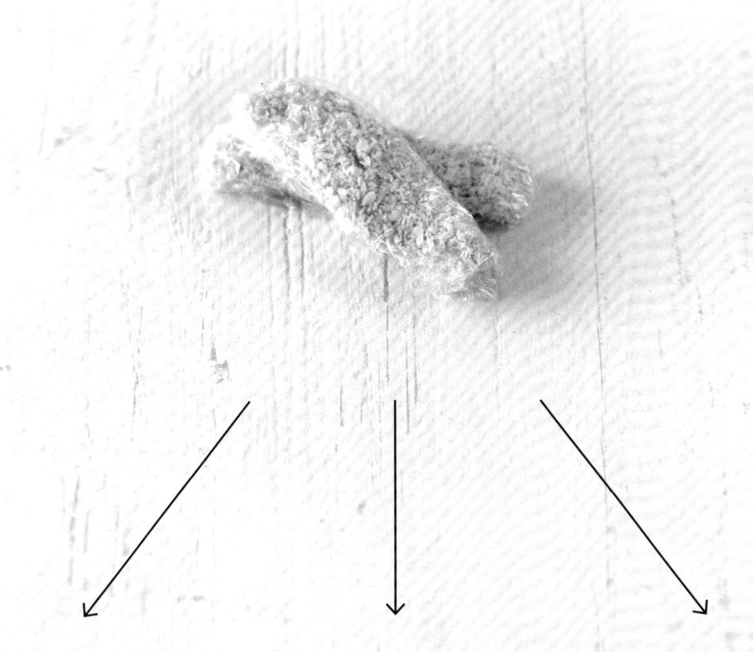

升级菜肴　　升级菜肴　　升级菜肴

炸鸡柳

如果没有冷冻鸡柳，也不必特意做面糊，只要依次给鸡肉裹一层面粉、一层蛋液和一层面包糠，然后炸熟，一道炸鸡柳就做好了。蘸了蜂蜜芥末酱的炸鸡柳非常可口，简直和餐厅里卖的味道一模一样。

炸鸡柳盖饭

这是学校门口的一道人气美食。试着在家里做这道盖饭吧。在碗里盛一些米饭，铺上炸鸡柳、炒蔬菜和炒鸡蛋，淋上蛋黄酱和照烧酱即可。

墨西哥炸鸡柳卷饼

用墨西哥薄饼将炸鸡柳和蔬菜卷起来，就是一道营养丰富的小食。用油纸或保鲜膜将卷饼包起来，既便于食用，又便于出游时携带。

升级菜肴 3

炸鸡柳

原料（2 人份） 冷冻鸡柳 6 块，食用油适量，蛋黄酱 2 汤匙，芥末酱 1 汤匙，蜂蜜 ½ 汤匙，柠檬汁 ⅓ 茶匙

做法

1. 提前取出冷冻鸡柳解冻。
2. 热锅，倒食用油，油热至面包糠入锅能立刻浮起，放入鸡柳，炸 10~15 分钟。
3. 蛋黄酱、芥末酱、蜂蜜和柠檬汁混合均匀，调出蜂蜜芥末酱。
4. 将炸鸡柳和蜂蜜芥末酱摆盘。

炸鸡柳盖饭

原料（2 人份） 冷冻鸡柳 4 块，米饭 2 碗，洋葱 1 个，鸡蛋 2 个，照烧酱（第 127 页）2 汤匙，蛋黄酱 2 汤匙，食用油 5 杯，盐少许，黑胡椒粉少许

做法

1. 提前取出冷冻鸡柳解冻。
2. 热锅，倒食用油，油热至面包糠入锅能立刻浮起，放入鸡柳，炸 10~15 分钟。待鸡柳变凉后，将其切块。
3. 洋葱切块。
4. 鸡蛋打散，用盐和黑胡椒粉调味；平底锅里倒少许炸鸡柳用的食用油，油热后倒入蛋液，炒熟后盛出。
5. 将洋葱放入平底锅翻炒，炒至洋葱变透明，加入部分照烧酱，小火煮一会儿。
6. 将洋葱、炒鸡蛋和炸鸡柳盖在米饭上，淋上蛋黄酱和剩余的照烧酱即可。

墨西哥炸鸡柳卷饼

原料（2 人份） 冷冻鸡柳 4 块，墨西哥薄饼 4 张，生菜叶 6 片，番茄 1 个，原味酸奶 1 杯，切片奶酪 2 片，食用油 5 杯

做法

1. 提前取出冷冻鸡柳解冻。
2. 热锅，倒食用油，油热至面包糠入锅能立刻浮起，放入鸡柳，炸 10~15 分钟。
3. 生菜叶切丝，番茄去瓤、切细条，切片奶酪对半切开。
4. 每张墨西哥薄饼上放 1 块炸鸡柳、适量生菜叶、适量番茄和 ½ 片切片奶酪，倒适量原味酸奶。
5. 将墨西哥薄饼卷起来，用油纸或保鲜膜包好即可。

鸡肉芒果沙拉

这是一道用口感嫩滑的鸡小胸肉、蔬菜和甘甜的芒果做成的于人体健康有益的沙拉。芒果的甜味可以减轻蔬菜的涩味。吃这道菜时可同时吃到鸡肉、水果和蔬菜，摄入多种营养素。

原料

鸡小胸肉 4 块（120 g），芒果 1 个，沙拉蔬菜 100 g

炖料

大蒜 2 瓣，料酒 1 汤匙，黑胡椒粒 1/2 茶匙

酸奶沙拉酱

原味酸奶 1/2 杯，蜂蜜 1 汤匙，柠檬汁 1 茶匙，盐 1/4 茶匙，黑胡椒粉少许

做法

❶ 汤锅中倒足量的水，放入鸡小胸肉和炖料，炖 10 分钟左右。

❷ 芒果去核，按照图中所示方法取下果肉。

❸ 将酸奶沙拉酱原料混合均匀。

❹ 鸡小胸肉切成适口大小；沙拉蔬菜洗净、沥干，和鸡小胸肉、芒果一起放在碗中，淋上酸奶沙拉酱即可。

①

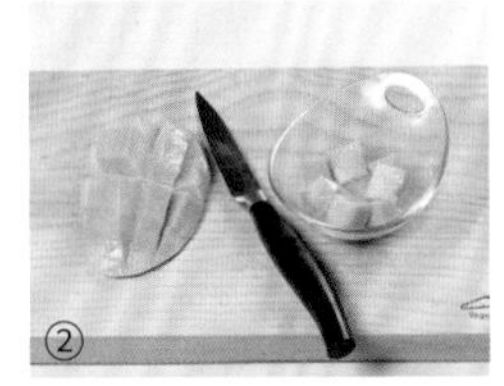
②

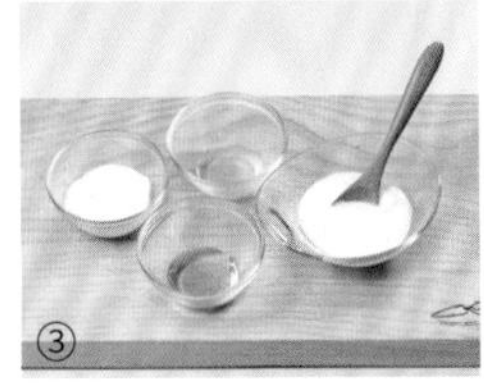
③

④

椰奶咖喱鸡

这是一道东南亚风味菜肴。添加了椰奶的咖喱酱比普通咖喱酱更香甜，这道菜非常适合不吃辣的孩子食用。

原料

鸡大胸肉 1 块（100 g），西蓝花 ½ 棵，洋葱 ½ 个，胡萝卜 ½ 根，黑胡椒粉少许，食用油少许

咖喱酱

鸡蛋 1 个，牛奶 ⅔ 杯，椰奶 ½ 杯，咖喱粉 3 汤匙，白糖 1 茶匙

做法

❶ 鸡大胸肉切丁。

❷ 西蓝花、洋葱和胡萝卜切丁。

❸ 将牛奶、椰奶、咖喱粉和白糖放在碗里，打入鸡蛋，混合均匀，调出咖喱酱。

❹ 热锅，倒食用油，放入鸡大胸肉翻炒，用黑胡椒粉调味。

❺ 炒至鸡大胸肉变色，放入西蓝花、洋葱和胡萝卜翻炒。

❻ 炒至洋葱变透明，加入咖喱酱，煮沸即可。

鸡肉加州卷

如果想品尝不一样的紫菜包饭，可以用鸡大胸肉做一道鸡肉加州卷。这道加州卷里有牛油果，能让人唇齿留香。可根据自己的口味放入酱油或其他调料。

原料

鸡大胸肉 1 块（100 g），米饭 300 g，寿司海苔 1 张，牛油果 1 个，黄瓜 ½ 根，食用油少许

炖料

大蒜 2 瓣，料酒 1 汤匙，黑胡椒粒 ½ 茶匙

厚蛋烧

鸡蛋 2 个，料酒 1 汤匙，白糖 ½ 茶匙，盐 ⅓ 茶匙

酱料

蛋黄酱 1½ 汤匙，白糖 1 茶匙，黑胡椒粉少许

拌料

黑芝麻 1 汤匙，芝麻油 ½ 茶匙，白糖 ⅓ 茶匙，盐 ¼ 茶匙

做法

❶ 往汤锅中倒足量的水，放入鸡大胸肉和炖料，炖 15 分钟左右捞出鸡大胸肉，待其变凉后撕成小块；将酱料与鸡大胸肉混合均匀。

❷ 鸡蛋打散，加入剩余厚蛋烧原料，混合均匀；用厨房纸巾蘸少许食用油擦在平底锅内壁上，热锅，倒入蛋液，煎出厚蛋烧，取出切条。

❸ 牛油果去皮，去核，切片；黄瓜切条。

❹ 将米饭和拌料搅拌均匀。

❺ 将米饭平铺在寿司海苔上，并将保鲜膜盖在米饭上。

❻ 翻面，使海苔位于最上层。在海苔上铺鸡大胸肉、牛油果、黄瓜和厚蛋烧，卷好后取下保鲜膜，使米饭在最外层，切小段。

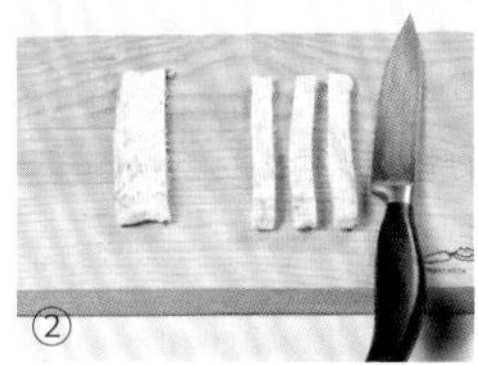

小贴士

食用牛油果的注意事项

尽量避免食用太硬（没熟透）的牛油果，因为没熟透的牛油果不仅味道不好，还会引发腹痛。应将没熟透的牛油果在室温下放置一两天，待其变软后食用。

坚果炒鸡丁

把鸡肉和坚果一起炒，味道好得出人意料。在中国和一些东南亚国家，有许多用坚果和鸡肉搭配做成的菜肴。在这里，我向大家介绍的是做法简单、味道鲜美的坚果炒鸡丁。

原料

鸡小胸肉 5 块（150 g），腰果仁 ½ 杯，扁桃仁 ½ 杯，葱末 2 汤匙，蚝油 1½ 汤匙，食用油 1 汤匙，蒜末 1 茶匙，红糖 1 茶匙，芝麻油 1 茶匙

腌料

生抽 1 茶匙，料酒 1 茶匙，黑胡椒粉少许

做法

❶ 将腰果仁和扁桃仁放在锅中，干炒一下，盛出备用。

❷ 鸡小胸肉切丁，用腌料腌 20 分钟。

❸ 热锅，倒食用油，加入葱末和蒜末炒香。

❹ 放入鸡小胸肉翻炒。

❺ 炒至鸡小胸肉变色，加入腰果仁、扁桃仁、蚝油、红糖和芝麻油翻炒，炒熟即可。

越南春卷

如果想让孩子吃富含蛋白质的鸡大胸肉，却为不知道用它做什么而发愁时，可以试着做这道菜。这道菜也适合全家人围坐在一起享用。

原料

鸡大胸肉 2 块（200 g），红甜椒 ½ 个，黄甜椒 ½ 个，黄瓜 ½ 根，紫甘蓝 ¼ 棵，紫苏叶 10 片，越南春卷皮 10 张

炖料

料酒 1 汤匙，黑胡椒粒 ½ 茶匙

甜味花生酱

花生酱 3 汤匙，花生碎 2 汤匙，蛋黄酱 2 汤匙，低聚糖 1 汤匙，生抽 ½ 汤匙，白糖 ½ 汤匙

做法

❶ 往汤锅中倒足量的水，加入鸡大胸肉和炖料，炖 15 分钟。

❷ 捞出鸡大胸肉，撕成条。

❸ 红甜椒、黄甜椒和紫甘蓝切丝，黄瓜切条。

❹ 将越南春卷皮放在温水中泡软后捞出，在每张越南春卷皮上放 1 片紫苏叶、适量蔬菜和适量鸡大胸肉，卷起来。

❺ 将所有甜味花生酱原料混合均匀；用越南春卷蘸酱吃即可。

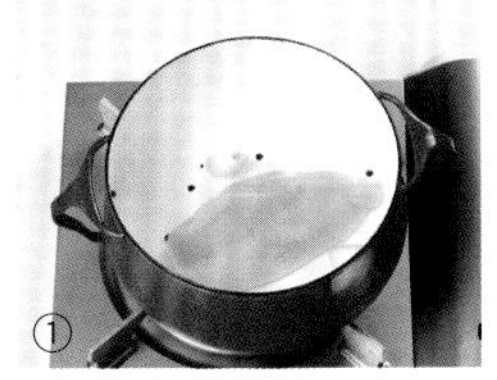
①

②

③

④

⑤

芦笋奶酪鸡肉卷

这是一道与众不同的菜。用鸡大胸肉将孩子喜欢的奶酪和爽口的芦笋卷起来，放在平底锅里煎熟或放在烤箱里烤熟，一道小食就做好了。

原料

鸡大胸肉 2 块（200 g），芦笋 6 根，切片奶酪 2 片，橄榄油 1 汤匙

腌料

盐 ½ 茶匙，黑胡椒粉少许

做法

❶ 将每块鸡大胸肉横向剖开，用刀背或肉锤敲打或捶打至纤维松散。

❷ 用盐和黑胡椒粉将鸡大胸肉腌 20 分钟。

❸ 每根芦笋切成两段，放在加盐的沸水中焯一下；切片奶酪对半切开。

❹ 在每片鸡大胸肉上放半片切片奶酪和 3 段芦笋，卷起来。

❺ 鸡肉卷表面刷一层橄榄油。热锅，放入鸡肉卷煎熟；也可以将鸡肉卷放在预热至 180 ℃的烤箱中烤 15 分钟。

①

②

③

④

⑤

小贴士

如果使用烤箱，应将鸡肉卷放在预热至 180 ℃的烤箱中烤 15 分钟。注意，将鸡肉卷收口处朝下。如果鸡肉卷太粗，可以用牙签将其固定住，防止散开。

奶酪铁板鸡

我们一家人前往春川旅行时，吃过一道味道很好的铁板鸡，孩子们交口称赞。我根据那道铁板鸡做出了这道菜。这道菜适合全家人一起享用。

原料

鸡大腿肉 300 g，卷心菜 $1/6$ 棵，洋葱 $1/2$ 个，红薯 $1/2$ 个，大葱 $1/2$ 根，马苏里拉奶酪 1 杯，牛奶 3 汤匙，食用油 2 汤匙

腌料 / 炒料

辣椒酱 3 汤匙，生抽 2 汤匙，白糖 2 汤匙，蒜末 1 汤匙，辣椒粉 1 汤匙，料酒 1 汤匙，蜂蜜 1 汤匙，姜酒 1 茶匙，芝麻油 1 茶匙，黑胡椒粉 $1/3$ 茶匙

做法

❶ 鸡大腿肉切小块，倒入 $2/3$ 混合均匀的腌料，搅拌均匀后放入冰箱冷藏室腌 1 小时以上。

❷ 卷心菜、洋葱和红薯切小块，大葱切圈。

❸ 热锅，倒食用油，放入鸡大腿肉和剩余的腌料翻炒。

❹ 炒至鸡大腿肉变色，放入蔬菜翻炒，炒熟后盛出。将马苏里拉奶酪和牛奶倒在耐热碗中，放入微波炉加热 30~60 秒，取出后搅拌均匀。铁板鸡与奶酪酱搭配，味道妙极了。

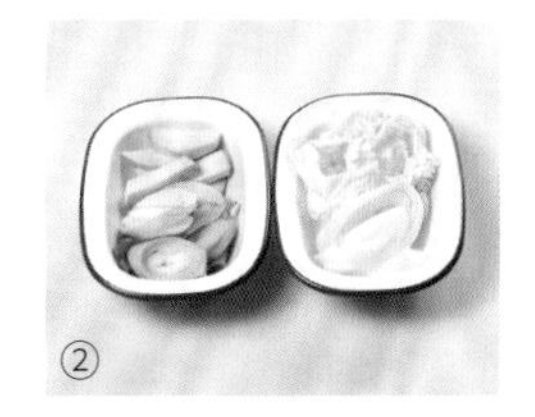

橙子酱煎鸡块

只需将鸡大腿肉腌一下，放在锅里煎熟，就能做出香喷喷的煎鸡块。蘸着酸甜的橙子酱吃，孩子非常喜欢。

原料

鸡大腿肉 320 g，食用油 2 汤匙，盐少许，黑胡椒粉少许

腌料

盐 1/2 茶匙，百里香粉少许，黑胡椒粉少许

橙子酱

橙子 1 个，黄油 1 汤匙，橙汁 1 杯，蜂蜜 1 汤匙，柠檬汁 1/2 汤匙

做法

❶ 用腌料将鸡大腿肉腌 20 分钟。

❷ 热锅，倒食用油，中火煎鸡大腿肉带皮的一面。

❸ 煎至带皮的一面金黄，翻面。

❹ 将另一面煎至金黄。如果鸡大腿肉太厚，可以盖上锅盖小火煎一会儿。煎熟后盛出，切大块。

❺ 将橙汁、柠檬汁和蜂蜜混合均匀。

❻ 剥出橙肉；锅中放黄油，倒入步骤 5 中的混合物，加入橙肉熬出橙子酱。在煎好的鸡大腿肉上撒盐和黑胡椒粉，淋上橙子酱即可。

莲藕炖鸡

莲藕、牛蒡等根茎类蔬菜是孩子比较喜欢的食物，我们可以将根茎类蔬菜和营养丰富的鸡肉一起烹饪。筋道的鸡大腿肉与爽口的莲藕搭配，非常可口。

原料

鸡大腿肉 200 g，莲藕 ½ 根，食醋 2 汤匙，食用油适量

腌料

料酒 1 茶匙，盐 ⅓ 茶匙，黑胡椒粉少许

炖料

生抽 2 汤匙，料酒 1 汤匙，低聚糖 1 汤匙，白糖 1 汤匙，蒜末 1 茶匙，芝麻油 1 茶匙，水 ⅓ 杯

做法

❶ 鸡大腿肉切成适口大小，用料酒、盐和黑胡椒粉腌 20 分钟；莲藕切小块，碗中倒适量水和 2 汤匙食醋，放入莲藕浸泡 20 分钟。

❷ 捞出莲藕，锅中倒适量水，煮沸，放入莲藕煮 5 分钟左右，盛出备用。

❸ 热锅，倒食用油，放入鸡大腿肉翻炒。

❹ 炒至鸡大腿肉表面金黄，放入莲藕翻炒。

❺ 所有炖料原料混合均匀，倒在锅中。

❻ 小火炖 20 分钟左右即可出锅。

鸡肉鸡蛋盖饭

这是一道日式盖饭。先把鸡肉和蛋液倒在鲣节汤中煮熟，再连汤全部浇在米饭上，这道盖饭就做好了。鲣节汤非常香，很下饭。这道盖饭非常适合吃饭时间较短或者胃口不好的孩子食用。

原料

鸡大腿肉 160 g，米饭 2 碗，洋葱 1/2 个，鸡蛋 2 个，鲣节汤 1 杯，生抽 2 汤匙，料酒 2 汤匙，芽苗菜 1 把，黑胡椒粉少许

腌料

生抽 1 汤匙，料酒 1/2 汤匙

做法

❶ 鸡大腿肉切小块，用腌料腌 20 分钟。

❷ 洋葱切丝，鸡蛋打散。

❸ 汤锅里放鸡大腿肉、洋葱、鲣节汤、生抽、料酒和黑胡椒粉，中火煮 5 分钟左右。

❹ 煮至鸡大腿肉熟透，转小火，倒入蛋液稍微煮一会儿，全部浇在米饭上，撒上芽苗菜。

小贴士

鲣节汤

锅中倒 4 杯水，煮沸后加入 1/2 杯鲣节，继续煮 1 分钟后关火，捞出鲣节即可。

照烧鸡肉饭团

以前我经常给孩子做鳀鱼饭团吃，但最近我喜欢给他们做照烧鸡肉饭团吃。照烧鸡肉饭团比任何速食食品都好吃。

原料

鸡大腿肉 160 g，米饭 2 碗，洋葱 1/2 个，寿司海苔（15 cm×8 cm）4 张，照烧酱（第 127 页）2 汤匙，食用油少许

腌料

料酒 1/2 茶匙，蒜末 1/2 茶匙，黑胡椒粉少许

拌料

白芝麻 1/2 汤匙，芝麻油 1 茶匙，盐 1/3 茶匙

做法

❶ 鸡大腿肉去皮，切丁，用腌料腌 20 分钟；洋葱切小块。

❷ 热锅，倒食用油，放入洋葱和鸡大腿肉大火翻炒。

❸ 炒至肉变色，加入照烧酱，小火翻炒，肉熟后盛出备用。

❹ 将米饭和拌料搅拌均匀。

❺ 将米饭分成 4 等份，分别捏成饼状；将步骤 3 中的照烧鸡肉分成 4 等份，分别放在每份米饭上，揉成饭团。

❻ 将饭团放在三角模具中，压实，取出后裹上寿司海苔即可。（最后也可以在饭团顶上放一些照烧鸡肉，既好看又好吃。）

①

②

③

④

⑤

⑥

菠萝鸡肉串

鸡肉串是孩子非常喜欢吃的食物。除了菠萝，还可以穿孩子喜欢吃的其他水果或蔬菜。菠萝鸡肉串不仅营养丰富，味道也很好。煎着吃可以减少菠萝的酸味、增加其甜味。

原料

鸡大腿肉 320 g，菠萝 1/4 个，食用油适量，照烧酱（第 127 页）1/2 杯

腌料

料酒 1 汤匙，盐 1/2 茶匙，黑胡椒粉少许

做法

❶ 鸡大腿肉切成适口大小，用腌料腌 20 分钟；菠萝也切成适口大小。

❷ 鸡大腿肉和菠萝交替穿在竹签上。

❸ 加热铸铁锅，锅内壁上刷一层食用油，放入菠萝鸡肉串。

❹ 在菠萝鸡肉串表面刷一层照烧酱，煎熟。

炸鸡翅

孩子非常喜欢鸡翅中，每次都争着吃。但是鸡翅中肉少皮多，有些油腻。用我给的做法做出的炸鸡翅皮薄、不油腻，味道香浓。

原料

鸡翅中 10 个，淀粉 1/4 杯，食用油 1 杯

腌料

料酒 1/2 汤匙，盐 1/3 汤匙，黑胡椒粉少许

炒料 / 酱料

洋葱 1/4 个，青椒 1/4 个，红甜椒 1/4 个，食醋 2 汤匙，蚝油 1 汤匙，生抽 1 汤匙，白糖 1 汤匙，食用油 1 汤匙，水 3 汤匙

做法

❶ 洋葱、青椒和红甜椒切碎。

❷ 在鸡翅中表面划几刀，用腌料腌 20 分钟，裹一层淀粉。

❸ 热锅，倒 1 杯食用油，放入鸡翅中，炸熟后盛出备用。

❹ 另起锅，倒 1 汤匙食用油，放入洋葱、青椒和红甜椒炒熟。

❺ 放入其余炒料或酱料原料，煮沸。

❻ 大火收汁。接着，既可以将鸡翅中放在锅中翻炒均匀，又可以将酱料盛出，用鸡翅中蘸酱吃。

可乐鸡翅

可乐鸡翅是有名的美食。我一开始担心无法成功做出这道菜，但尝试之后发现做法十分简单，味道非常鲜美。用可乐和酱油炖鸡翅根，炖的时间越长，鸡翅根就越诱人。这道菜和照烧鸡肉味道相似。

原料

鸡翅根 10 个，可乐 1 杯，生抽 1½ 汤匙，蒜末 1 汤匙，食用油 1 汤匙

做法

❶ 热锅，倒食用油，放入蒜末炒香。

❷ 在鸡翅根表面划几刀，入锅翻炒。

❸ 炒至鸡翅根表面金黄，倒入可乐和生抽，中火炖煮。

❹ 煮至汤汁沸腾，转小火炖 20 分钟左右即可。

酱烤鸡翅根

几乎没有孩子不喜欢吃炸鸡。这次我使用烤箱做了一道营养丰富的烤鸡翅根。鸡翅根所需的烹饪时间较短，大小适中，便于孩子食用。与我特调的酱料搭配后，这道烤鸡翅根丝毫不逊色于知名炸鸡店售卖的炸鸡。

原料

鸡翅根 10 个，淀粉 3 汤匙，食用油 1 汤匙，酸萝卜少许

腌料

料酒 1 茶匙，盐 $1/3$ 茶匙，黑胡椒粉少许

酱料

生抽 2 汤匙，蒜末 1 汤匙，食醋 1 汤匙，低聚糖 1 汤匙，白糖 $1/2$ 汤匙，黑胡椒粉少许

做法

❶ 用腌料将鸡翅根腌 20 分钟，将淀粉和食用油搅拌均匀，涂抹在鸡翅根上。

❷ 烤箱预热至 180 ℃，烤盘上铺一张油纸，油纸上放鸡翅根，烤 20 分钟左右。

❸ 将所有酱料原料混合均匀。

❹ 将酱料倒在平底锅中，熬至浓稠。

❺ 取出烤至表面金黄的鸡翅根。

❻ 将鸡翅根放在碗中，淋上酱料，搭配酸萝卜食用。

番茄琵琶腿

这是一道主要用琵琶腿和番茄酱炖成的意式菜肴。虽然看上去红通通的，但这道菜其实并不辣，非常适合孩子食用。我们也可以搭配面包或意大利面食用。

原料

琵琶腿 4 个，茄子 ½ 根，西葫芦 ⅓ 根，番茄酱 2 杯，洋葱碎 2 汤匙，橄榄油 2 汤匙，蒜末 1 汤匙，盐 1 茶匙，牛至叶碎少许，水 ½ 杯

腌料

盐 ⅓ 茶匙，黑胡椒粉少许

做法

❶ 用腌料将琵琶腿腌 20 分钟。

❷ 茄子和西葫芦切小块。

❸ 汤锅里倒橄榄油，放入洋葱碎和蒜末炒香。

❹ 放入琵琶腿、茄子和西葫芦，炒至琵琶腿表面金黄。

❺ 放入番茄酱、盐和牛至叶碎翻炒均匀。

❻ 倒入水，小火炖 20 分钟左右即可。

香草黄油烤琵琶腿

有时，我会在休息日烤一只涂满香草黄油的整鸡，让全家人一起享用。但是整鸡烤熟需要很长时间，做起来非常麻烦。琵琶腿烤起来则比较方便，刷一层香草黄油后烤出来的琵琶腿味道非常棒。

原料

琵琶腿 6 个，黄油 3 汤匙，百里香粉 1 茶匙，牛至叶碎 1 茶匙

腌料

盐 1 汤匙，黑胡椒粉 1/3 茶匙

做法

❶ 在琵琶腿上划几刀，用腌料腌 20 分钟。

❷ 黄油放在室温下软化，与百里香粉和牛至叶碎搅拌均匀，调出香草黄油。

❸ 琵琶腿上均匀刷一层香草黄油。

❹ 烤箱预热至 180 ℃，深烤盘上铺一张油纸，油纸上放琵琶腿，烤 20 分钟左右即可。

紫苏参鸡汤

天气炎热或身体虚弱时，喝一些参鸡汤是不错的选择。尝试放一些紫苏粉吧，紫苏香醇的味道能使参鸡汤更加鲜美。这道汤适合作为孩子的夏季补品。

原料

整鸡 1 只（5~6 号，600 g 左右），糯米 ½ 杯，紫苏粉 3 汤匙，糯米粉 1 汤匙，水适量，盐少许

炖料

人参片（或黄芪片）15 g，黑胡椒粒 ½ 茶匙，洋葱 1 个，大葱 ½ 根，红枣 3 个，大蒜 3 瓣

做法

❶ 糯米洗净，放在水中浸泡 1 小时。

❷ 掏出整鸡内脏，将整鸡洗净，去除鸡头、鸡爪、鸡翅尖和鸡屁股，将糯米放在鸡肚中，把鸡腿交叉并用干净的棉线扎紧。

❸ 将鸡和炖料放在深汤锅中，倒入足以没过鸡的水，炖 1 小时左右。

❹ 捞出鸡备用，滤出炖料，锅中只留下鸡汤。

❺ 加入紫苏粉和糯米粉，煮 5 分钟左右。

❻ 将鸡放回锅中，再炖片刻，用盐调味即可。

蔬菜炒鸡胗

这道主要用鸡胗、多种蔬菜和甜甜的照烧酱做出的菜肴深受孩子的喜爱，既可以作为孩子的正餐或小食，也可以作为成年人的下酒菜。

原料

鸡胗 200 g，洋葱 ½ 个，青椒 ½ 个，红甜椒 ½ 个，大蒜 5 瓣，照烧酱（第 127 页）3 汤匙，芝麻油 1 茶匙，白芝麻 1 茶匙，粗盐少许，食用油少许

腌料

料酒 ½ 汤匙，蒜末 1 茶匙，黑胡椒粉少许

做法

❶ 用粗盐搓洗鸡胗，洗净后将鸡胗切片，用腌料腌 20 分钟。

❷ 洋葱、青椒和红甜椒切丝，大蒜对半切开。

❸ 热锅，倒食用油，放入鸡胗，大火翻炒。

❹ 炒至鸡胗变色，放入洋葱、青椒和红甜椒翻炒。

❺ 炒至洋葱变透明，放入大蒜翻炒几下。

❻ 加入照烧酱，炒至鸡胗上色，淋上芝麻油，撒上白芝麻即可。

炸红薯鸡胗

炸鸡胗是一道很受欢迎的下酒菜。我通常给孩子做这道炸红薯鸡胗当小食。由于鸡胗比普通的鸡块更小，所以炸熟所需的时间更短，口感也更酥脆。

原料

鸡胗 200 g，板栗红薯 1 个，炸粉 2 汤匙，粗盐少许，食用油适量

腌料

料酒 $\frac{1}{2}$ 汤匙，蒜末 1 茶匙，盐 $\frac{1}{3}$ 茶匙，黑胡椒粉少许

炸料

炸粉 2 杯，冰水 $1\frac{1}{2}$~2 杯

做法

❶ 用粗盐搓洗鸡胗，洗净后将每个鸡胗切成 2~3 块，用腌料腌 20 分钟。

❷ 板栗红薯去皮，切得与鸡胗块大小相当。

❸ 将鸡胗和 2 汤匙炸粉混合均匀。

❹ 另取碗，倒入 2 杯炸粉和适量冰水，搅拌成黏稠的炸料。

❺ 汤锅中倒足量的食用油，油热后，将步骤 3 中的鸡胗裹上炸料，入锅炸 7~8 分钟后捞出。

❻ 将板栗红薯裹上炸料，入锅炸至表面金黄，和鸡胗一起装盘。

酱鸡爪

鸡爪富含胶原蛋白，对成长期的孩子十分有益。我们在市场上就可以买到无骨鸡爪。无骨鸡爪很筋道，很受孩子欢迎。

原料

无骨鸡爪 200 g，蒜末 2 汤匙，食用油 1 汤匙，芝麻油 1 茶匙，黑胡椒粉少许

炖料

料酒 ½ 杯，生姜适量，黑胡椒粒 ½ 茶匙

炒料

生抽 2 汤匙，梅子汁 1 汤匙，低聚糖 1 汤匙，料酒 1 汤匙

做法

❶ 无骨鸡爪洗净，和炖料一起入锅煮 5 分钟左右，捞出鸡爪。

❷ 过冷水，沥干。

❸ 热锅，倒食用油，加入蒜末翻炒。

❹ 炒出蒜香后，加入鸡爪翻炒。

❺ 加入炒料翻炒，收汁后淋上芝麻油，撒上黑胡椒粉即可。

炖鸡块

在我年幼时，我的母亲经常做这道菜给我吃，而现在我的孩子也非常喜欢这道菜。

原料

整鸡 1 只（约 900 g），土豆 2 个，洋葱 1 个，胡萝卜 1/3 根，黄瓜 1/3 根，大葱 1/3 根，泡发的宽粉 1 把

炖料

生抽 1/2 杯，红糖 3 汤匙，料酒 2 汤匙，蜂蜜 2 汤匙，蒜末 1 汤匙，姜末 1 茶匙（或姜酒 1/2 汤匙），黑胡椒粉少许，水 2 杯

做法

❶ 土豆和胡萝卜切厚片。

❷ 洋葱切块，黄瓜切片，大葱切圈。

❸ 整鸡洗净，剁成块；汤锅中放鸡块，倒入足以没过鸡块的水，煮沸。

❹ 捞出鸡块，用冷水洗净。

❺ 倒掉汤锅中的水并洗净汤锅，将鸡块重新放入汤锅，加入炖料，大火煮沸。

❻ 放入土豆、胡萝卜和洋葱，转中火，炖至鸡汤减半，放入黄瓜、大葱和宽粉，煮至宽粉变透明即可。

羊肉和鸭肉类菜肴

特别想吃肉的时候不妨试试羊肉和鸭肉。
这两种肉的肉质、味道和口感各具特色，都能提高人的食欲。
羊肉和鸭肉富含铁、维生素和其他各种微量营养素，
对成长期的孩子十分有益。

羊瘦肉的含铁量比猪瘦肉的含铁量高！

蛋白质含量：20.88 g
热量：143 千卡

参考《韩国食物成分表（标准版）第 9 版》，100 g 羊瘦肉的含量

羊肉含铁量高，肉质嫩，适合成长期的孩子食用。羊排分为三种，一种是肩脊排，一种是肋脊排，一种是肋排。肩脊排是羊脖子附近的排骨，肉多，味道好；肋脊排是连接肋骨和脊骨的排骨，肉质鲜嫩，肥瘦相间；肋排则是胸腔的片状排骨。羊肉被烤后容易变硬，我们在烹饪前需要做适当处理。羊排汁液丰富，适合烤着吃；筋道的羊肩肉适合用来做羊肉串；羊腿肉则适合炖着吃或煮着吃。

鸭肉富含维生素 A 及其他各种微量营养素！

蛋白质含量：21.0 g
热量：109 千卡

参考《韩国食物成分表（标准版）第 9 版》，100 g 鸭瘦肉的含量

从韩国人均家禽肉年消费量来看，鸭肉的受欢迎程度仅次于鸡肉。与鸡肉不同，鸭肉具有清热凉血的功效。鸭肉营养丰富，富含蛋白质和不饱和脂肪酸，有助于成长期的孩子增强体力。鸭肉脂肪含量高且易出油，我们在烹饪过程中最好将炒出的鸭油倒出。鸭肉可以烤着吃或炒着吃，也可以用来煲汤或做沙拉。

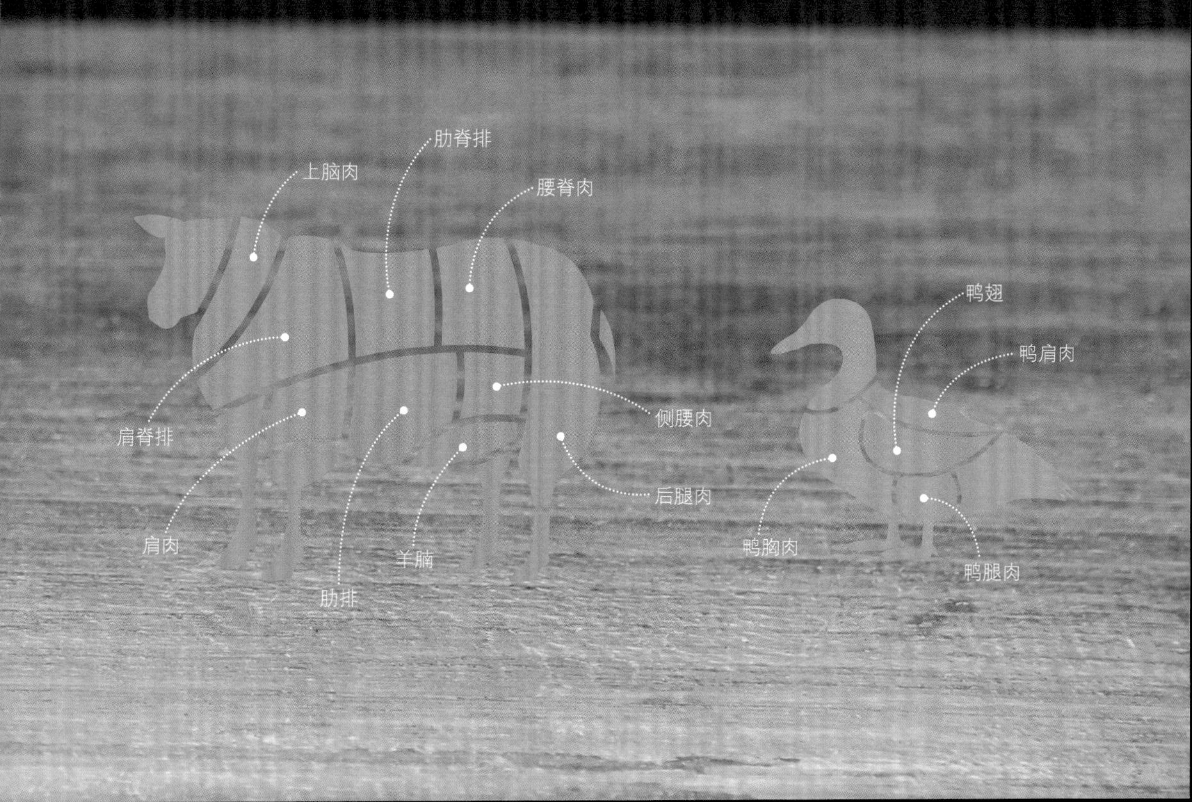

基础菜肴和升级菜肴

基础菜肴 1

秘制羊排

在超市就可以买到羊肩脊排。用香料腌一下，可以减轻羊肉特有的膻味。接下来，我将为大家详细介绍秘制羊排的做法。除了迷迭香，也可以尝试使用百里香或牛至叶碎等香料来减轻膻味。

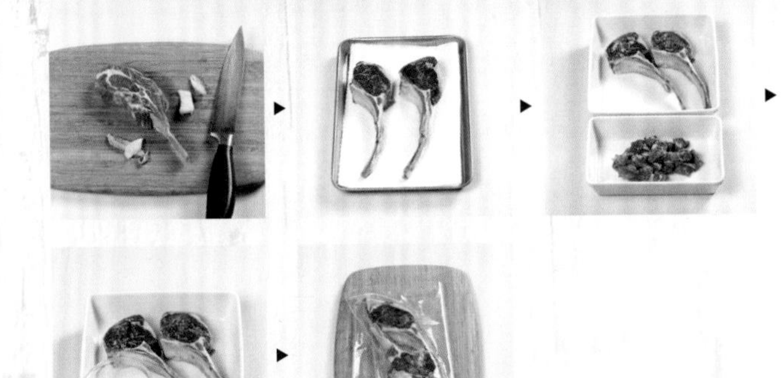

原料（4 人份） 羊肩脊排 800 g，橄榄油 2 汤匙，盐 2 茶匙，迷迭香 1 茶匙，黑胡椒粉 ½ 茶匙

做法

1. 去除羊排上多余的脂肪和筋膜，洗净。
2. 用厨房纸巾擦掉羊排表面的血水，按照图中的样子修羊排，剔下多余的羊肉，切丁。
3. 将迷迭香、盐和黑胡椒粉均匀地撒在羊排和剔下的羊肉上，羊肉放入保鲜盒，冷冻保存。
4. 在羊排上刷一层橄榄油。
5. 将处理好的羊排分成 4 份（每份 2 根），分别用保鲜膜包好或放在真空包装袋中，冷冻保存。

〔秘制羊排〕

升级菜肴　　升级菜肴　　升级菜肴

煎羊排

这是一道用秘制羊排做的煎羊排，做法非常简单，孩子特别喜欢。

番茄酸奶咖喱羊肉

在印度，人们经常在羊肉类菜肴中放咖喱。我在这道菜中放了番茄和酸奶，整道菜的味道好得出人意料。

意式风味羊肉丁

将羊肩脊排肉丁与蔬菜一起翻炒后淋上意式酱料，味道非常好。做这道菜时，也可以选用普通的羊肉。

煎羊排

原料（2 人份） 冷冻秘制羊排 4 根，西蓝花 ½ 棵，双孢菇 4 朵，橄榄油 1 汤匙，盐少许，黑胡椒粉少许，巴萨米克醋适量（可选）

做法

1. 提前取出冷冻秘制羊排解冻。
2. 西蓝花切小朵，放在沸水中焯一下，捞出、沥干；双孢菇对半切开。
3. 将西蓝花、双孢菇、盐、黑胡椒粉和橄榄油混合均匀。
4. 将羊排放在韩式铸铁锅中，大火煎制，每面约煎 1 分钟后盛盘；将步骤 3 中的混合物放在锅中煎熟，与羊排一起装盘。
5. 可根据个人喜好淋上巴萨米克醋。

番茄酸奶咖喱羊肉

原料（2 人份） 冷冻羊肩脊排肉丁 150 g，洋葱 1 个，土豆 1 个，熟透的番茄 2 个，咖喱粉 3 汤匙（50 g），原味酸奶 2 汤匙，食用油 2 汤匙，黄油 1 汤匙，蒜末 ½ 汤匙，水 3 杯，盐 ¼ 茶匙，黑胡椒粉少许

做法

1. 提前取出冷冻羊肩脊排肉丁解冻，用盐和黑胡椒粉腌 20 分钟。
2. 洋葱和土豆切丁。
3. 用刀在番茄表皮划“十”字，将番茄放在热水中浸一会儿，取出去皮，去瓤，切丁。
4. 热锅，倒食用油和黄油，加入蒜末炒香，放入羊肉、洋葱和土豆，翻炒至蔬菜变软。
5. 放入番茄和水，继续炖煮。
6. 水沸后加入咖喱粉；土豆软烂后，倒入酸奶再煮一会儿即可。

意式风味羊肉丁

原料（2 人份） 冷冻羊肩脊排肉丁 300 g，洋葱 ½ 个，茄子 ½ 根，西葫芦 ⅓ 根，食用油 2 汤匙，百里香粉（或迷迭香粉）1 茶匙，盐 ⅓ 茶匙，黑胡椒粉少许，巴萨米克醋 ½ 杯，白糖 ½ 汤匙

做法

1. 提前取出冷冻羊肩脊排肉丁解冻。
2. 洋葱、茄子和西葫芦切丁。
3. 将巴萨米克醋和白糖放在锅中，小火熬 3 分钟左右，熬出酱料，盛出备用。
4. 另起锅，倒食用油，放入羊肉翻炒，炒至羊肉变色，放入蔬菜翻炒。
5. 羊肉和蔬菜炒熟后盛出，淋上酱料，撒上百里香粉（或迷迭香粉）、盐和黑胡椒粉即可。

调味羊肉糜

调味羊肉糜做法简单，因加了多种香料而香味浓郁。下面和我一起做起来吧。

原料（4 人份） 羊肉（去骨羊排肉或羊肩肉）500 g，洋葱碎 3 汤匙，蒜末 1 汤匙，盐 ½ 汤匙，黑胡椒粉 ¼ 茶匙，薄荷叶 5 片，欧芹粉 1 茶匙，孜然粉 ½ 茶匙，牛至叶碎 ½ 茶匙

做法

1. 羊肉切小块。
2. 放在绞肉机中打成肉糜。
3. 薄荷叶切碎，与欧芹粉、孜然粉和牛至叶碎混合均匀。
4. 将羊肉糜、洋葱碎、蒜末、盐、黑胡椒粉和步骤 3 中的混合物搅拌均匀。
5. 将调味羊肉糜分装在大小合适的密封容器中，冷冻保存。

〔调味羊肉糜〕

升级菜肴　升级菜肴　升级菜肴

蔬菜羊肉串

将解冻后的调味羊肉糜揉成肉丸，烤着吃或炖着吃都很好吃。将炒至断生的蔬菜和烤熟的肉丸交替穿起来，就是一道特别的美食。

烤羊肉肠

这道美食常见于土耳其等中东国家。羊肉和酸奶酱堪称绝配。用生抽和糖调味后烤出来的羊肉肠，更合孩子的口味。

羊肉酱意面

将番茄酱和调味羊肉糜一起熬煮，得到的就是意大利面酱。可以一次性多做一些羊肉酱，冷冻保存，随用随取。

升级菜肴 2

蔬菜羊肉串

原料（2 人份） 冷冻调味羊肉糜 300 g，红甜椒 ½ 个，黄甜椒 ½ 个，青椒 ½ 个，食用油 2 汤匙，盐少许，黑胡椒粉少许

做法

1. 提前取出冷冻调味羊肉糜解冻，揉成直径 2~3 cm 的肉丸。
2. 青椒、红甜椒和黄甜椒切小块。
3. 热锅，倒 1 汤匙食用油，放入步骤 2 中的蔬菜，大火快速翻炒至断生，用盐和黑胡椒粉调味，盛出备用。
4. 锅中倒 1 汤匙食用油，放入羊肉丸，小火煎熟。
5. 将羊肉丸和蔬菜交替穿在竹签上。

烤羊肉肠

原料（2 人份） 冷冻调味羊肉糜 300 g，生抽 ½ 汤匙，白糖 1 茶匙，橄榄油少许，黄瓜 ⅓ 根，原味酸奶 ½ 杯，柠檬汁 ½ 汤匙，盐少许，黑胡椒粉少许

做法

1. 提前取出冷冻调味羊肉糜解冻。
2. 将羊肉糜、生抽和白糖搅拌均匀，分成 4 份，分别揉成香肠状。
3. 将羊肉肠放在烤盘上，表面刷一层橄榄油。
4. 烤箱预热至 180 ℃，烤盘放入烤箱，烤 15~20 分钟，中途给羊肉肠翻面。
5. 黄瓜切碎，与原味酸奶、柠檬汁、盐和黑胡椒粉混合均匀，调出酸奶酱；用它搭配烤羊肉肠食用。

羊肉酱意面

原料（2 人份） 冷冻调味羊肉糜 200 g，意大利通心粉 2 人份（160 g），番茄酱 2 杯，洋葱碎 3 汤匙，帕玛森干酪粉 2 汤匙，橄榄油 2 汤匙，蒜末 1 汤匙，盐少许，黑胡椒粉少许

做法

1. 提前取出冷冻调味羊肉糜解冻，用盐和黑胡椒粉腌 20 分钟。
2. 热锅，倒橄榄油，放入洋葱碎和蒜末翻炒。
3. 炒至洋葱变透明，放入羊肉糜翻炒。
4. 炒至羊肉糜变色，倒入番茄酱，小火翻炒 20 分钟左右，熬出羊肉酱。
5. 另起锅，倒入适量水，加入少许盐，放入意大利通心粉煮熟，捞出装盘。
6. 将羊肉酱浇在通心粉上，撒上帕玛森干酪粉，搅拌均匀。

腌鸭肉

将生鸭肉用腌料腌一下，得到的就是腌鸭肉。不同于熏鸭肉的是，腌鸭肉更有韧性。可以将腌鸭肉放入冰箱冷冻保存，随用随取。

原料（4 人份） 鸭肉 600 g，姜酒 1 汤匙，黑胡椒粉 1/4 茶匙，生抽 3 汤匙，蒜末 1 汤匙，料酒 1 汤匙，梅子汁 1 汤匙，白糖 1 汤匙

做法

1. 去除鸭肉多余的脂肪。
2. 将鸭肉切成适口大小，放在保鲜盒中。
3. 用姜酒和黑胡椒粉给鸭肉调味。
4. 将生抽、蒜末、料酒、梅子汁和白糖混合均匀，倒在鸭肉上，盖上盖子冷藏 1 小时以上。
5. 将腌好的鸭肉分成 4 份，分别用保鲜膜裹好，冷冻保存。

〔腌鸭肉〕

升级菜肴　　升级菜肴　　升级菜肴

炒鸭肉

这道菜做法简单，将解冻后的腌鸭肉与处理好的蔬菜一起炒熟即可。如果孩子能接受生韭菜的味道，我们也可以不炒韭菜，直接用炒鸭肉搭配生韭菜食用。

鸭肉炒年糕

这道菜既可以当小食，也可以当正餐。将腌鸭肉、蔬菜和年糕一起炒熟即可。由于添加了筋道的年糕，这道菜特别受孩子喜欢。

香辣鸭

这是一道全家人都喜欢的菜。虽然这道菜有点儿辣，但鸭油的香味和蔬菜的甜味融合在一起，孩子吃得津津有味。奶酪减轻了这道菜的辣味，也为这道菜增添了别样的风味。

炒鸭肉

原料（2 人份） 冷冻腌鸭肉 300 g，洋葱 ½ 个，胡萝卜 ⅓ 根，韭菜 80 g，金针菇 150 g，芝麻油 1 茶匙，食用油 2 汤匙

做法

1. 提前取出冷冻腌鸭肉解冻。
2. 洋葱和胡萝卜切丝；韭菜和金针菇切段，长度和洋葱长度相当。
3. 热锅，倒食用油，放入腌鸭肉和洋葱翻炒。
4. 炒至鸭肉变色，放入胡萝卜、韭菜和金针菇翻炒，全部炒熟后淋上芝麻油即可。

鸭肉炒年糕

原料（2 人份） 冷冻腌鸭肉 200 g，年糕条 100 g，洋葱 ⅓ 个，红甜椒 ½ 个，黄甜椒 ½ 个，生抽 ½ 汤匙，蜂蜜 ½ 汤匙，芝麻油 1 茶匙，食用油 2 汤匙

做法

1. 提前取出冷冻腌鸭肉解冻。
2. 洋葱、红甜椒和黄甜椒切丝。
3. 热锅，倒食用油，放入腌鸭肉和洋葱翻炒。
4. 炒至鸭肉变色，放入年糕条、红甜椒、黄甜椒、生抽和蜂蜜翻炒。
5. 炒熟后，淋上芝麻油即可。

香辣鸭

原料（2 人份） 冷冻腌鸭肉 300 g，洋葱 ½ 个，西葫芦 100 g，胡萝卜 ⅓ 根，马苏里拉奶酪 1 杯，辣椒酱 2 汤匙，蜂蜜 ½ 汤匙

做法

1. 提前取出冷冻腌鸭肉解冻。
2. 在腌鸭肉中放辣椒酱和蜂蜜，搅拌均匀，冷藏 1 小时以上。
3. 洋葱切块，西葫芦和胡萝卜切片。
4. 热锅，放入腌鸭肉翻炒，炒至腌鸭肉变色，放入蔬菜翻炒，盛出。
5. 在锅里铺一层马苏里拉奶酪，加热至奶酪熔化，将炒好的香辣鸭迅速倒在奶酪上。

基础菜肴 4

熏鸭肉

我们在超市就能买到各种品牌的熏鸭肉。最好将买回来的熏鸭肉多余的油脂去除后再冷冻保存。取出冷冻熏鸭肉解冻并炒熟，将它与芥末酱搭配在一起，就是一道备受孩子喜欢的菜肴。去除熏鸭肉多余的油脂能减少鸭肉特有的腥气，使鸭肉的味道更清淡。

去除熏鸭肉多余油脂的方法

方法 1: 蒸或烫

将熏鸭肉放在蒸锅里蒸一下。蒸的时间不能太长，以免鸭肉中的营养成分流失。也可以将熏鸭肉放在漏勺上，用热水浇熏鸭肉，将其烫一下。

方法 2: 焯

将熏鸭肉放在沸水中焯一下，沥干。

方法 3: 用厨房纸巾吸

用厨房纸巾吸掉多余的油脂。(炒熟的熏鸭肉要趁热吃，以防鸭油在鸭肉表面凝固。)

〔熏鸭肉〕

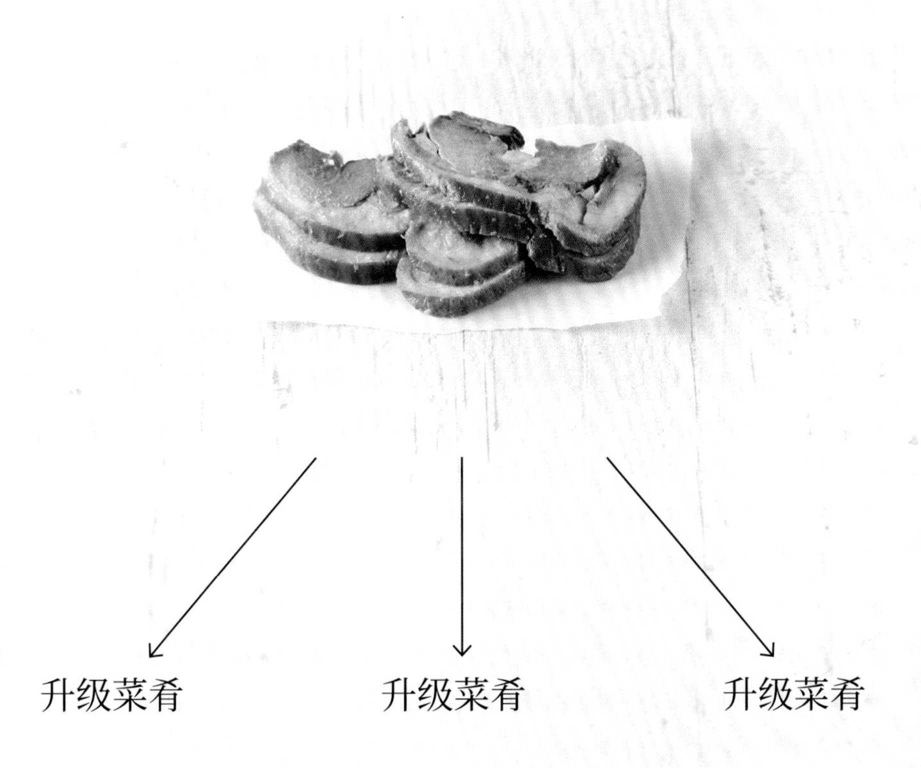

升级菜肴　　升级菜肴　　升级菜肴

蔬菜炒熏鸭

如果想做一道营养均衡、口感层次丰富的菜肴，可以尝试做这道蔬菜炒熏鸭。平菇和黄豆芽与熏鸭肉十分搭配。也可以用熏鸭肉和冰箱里的剩菜来做这道菜。

熏鸭炒饭

如果我们买了一包熏鸭肉，但一次没吃完，可以将剩下的熏鸭肉切丁，冷冻保存。泡菜既减轻了熏鸭肉的油腻感，又使这道炒饭的口感层次更丰富。

熏鸭蔬菜卷

五颜六色的熏鸭蔬菜卷是孩子非常喜欢的食物。熏鸭肉与白萝卜等蔬菜搭配在一起后，吃起来一点儿也不油腻。

升级菜肴 4

蔬菜炒熏鸭

原料（2 人份） 冷冻熏鸭肉 200 g，卷心菜 1/8 棵，西葫芦 1/2 根，平菇 50 g，黄豆芽适量，食用油 2 汤匙，芝麻油 1 茶匙，盐少许，黑胡椒粉少许

做法

1. 提前取出冷冻熏鸭肉解冻。
2. 如果冷冻前没有去除熏鸭肉多余的油脂，将熏鸭肉放在沸水中焯一下，捞出，沥干。
3. 卷心菜切小块，西葫芦切片，平菇撕成条。
4. 平底锅中倒食用油，放入熏鸭肉、卷心菜和西葫芦翻炒。
5. 炒至西葫芦变软，放入平菇和黄豆芽翻炒，炒熟后淋上芝麻油，用盐和黑胡椒粉调味。

熏鸭炒饭

原料（2 人份） 冷冻熏鸭肉 200 g，米饭 2 碗，泡菜 1/4 棵，胡萝卜 1/3 根，洋葱 1/4 个，大蒜 3 瓣，蚝油 1 汤匙，白芝麻 1 茶匙，盐少许，黑胡椒粉少许，食用油少许

做法

1. 提前取出冷冻熏鸭肉解冻。
2. 泡菜洗净，切丁；熏鸭肉切丁。
3. 洋葱和胡萝卜切丁，大蒜切片。
4. 热锅，放入熏鸭肉，炒出油后倒掉油，盛出备用。
5. 热锅，倒少许食用油，加入蒜片炒香，放入泡菜、胡萝卜和洋葱翻炒。
6. 蔬菜炒熟后，放入熏鸭肉和米饭翻炒，用蚝油、盐和黑胡椒粉调味，最后撒上白芝麻。

熏鸭蔬菜卷

原料（2 人份） 冷冻熏鸭肉 200 g，白萝卜薄片 15~20 片，红甜椒 1 个，黄甜椒 1 个，黄瓜 1 根，萝卜芽菜 1 把，蛋黄酱 3 汤匙，芥末酱 1 汤匙，蜂蜜 ½ 汤匙

做法

1. 提前取出冷冻熏鸭肉解冻。
2. 熏鸭肉切小片，放在平底锅中炒出油，倒掉油后，盛出备用。
3. 红甜椒、黄甜椒和黄瓜切成长度相当的细条。
4. 在每片白萝卜片上放适量熏鸭肉、红甜椒、黄甜椒、黄瓜和萝卜芽菜，卷起来。
5. 将蛋黄酱、芥末酱、蜂蜜倒在碗中并搅拌均匀，调出蜂蜜芥末酱；用它搭配熏鸭蔬菜卷食用。